国家自然科学基金项目（U1704243）资助

区域泥石流定量评价研究

尹彦礼　著

·北京·

内 容 提 要

本书以盂底沟库区泥石流为研究对象，在盂底沟库区工程地质勘察成果的基础上，利用野外调查、三维遥感和地理信息系统、数值模拟以及风险评价等技术，探讨泥石流形成机理，研究区域泥石流土石量的定量计算方法、影响范围确定和风险评价因子特征，在此基础上分析泥石流致灾特征和预测方法，构建可快速分析、快速建模、快速定量化计算的区域泥石流定量评价的理论体系和方法体系，以此提高我国对泥石流灾害事件的应急能力，对泥石流灾害风险评价具有很重要的理论意义和实践意义。

本书可供从事区域泥石流定量评价、监测预警等工作技术人员参考。

图书在版编目（CIP）数据

区域泥石流定量评价研究 / 尹彦礼著. -- 北京 : 中国水利水电出版社, 2021.9
ISBN 978-7-5170-9930-7

Ⅰ. ①区… Ⅱ. ①尹… Ⅲ. ①泥石流－定量分析－研究 Ⅳ. ①P942.23

中国版本图书馆CIP数据核字(2021)第183851号

书　名	区域泥石流定量评价研究 QUYU NISHILIU DINGLIANG PINGJIA YANJIU
作　者	尹彦礼　著
出版发行	中国水利水电出版社 （北京市海淀区玉渊潭南路1号D座　100038） 网址：www.waterpub.com.cn E-mail：sales@waterpub.com.cn 电话：（010）68367658（营销中心）
经　售	北京科水图书销售中心（零售） 电话：（010）88383994、63202643、68545874 全国各地新华书店和相关出版物销售网点
排　版	中国水利水电出版社微机排版中心
印　刷	清淞永业（天津）印刷有限公司
规　格	170mm×240mm　16开本　11.25印张　220千字
版　次	2021年9月第1版　2021年9月第1次印刷
定　价	**59.00**元

前　言

我国是个多山的国家，山地面积辽阔，占国土总面积的2/3以上，年降雨量分布不均，雨季充沛的降雨为泥石流提供了充足的水源，加之新构造运动强烈、断裂构造发育、地震活动频繁等因素形成大量的松散堆积物，为泥石流的形成提供了物质条件，因而导致我国成为世界上泥石流分布最广、数量最多、危害最重的国家之一。据《全国山洪灾害防治规则》，全国有31个省（自治区、直辖市）有灾害记录的泥石流沟约11100条，其中以四川、云南、西藏、甘肃、陕西、辽宁、台湾等最为严重。据不完全统计，20世纪50—80年代，全国泥石流灾害伤亡上万人，直接经济损失100亿余元。90年代以来，泥石流灾害每年造成100～300余人死亡和失踪，年直接经济损失数亿元。特别是2010年8月7日，甘肃舟曲暴发特大泥石流灾害，共造成1744人死亡或失踪，冲毁农田944666.67m^3，毁坏房屋5508间，受灾人数近5万人。泥石流灾害对人民群众生命与财产安全、经济发展、山区工程建设造成巨大的危害，开展泥石流形成机理、流量计算、影响范围、风险因子等的定量评价方法研究，实现对泥石流发生过程空间分析及预测，并最终将泥石流的危害程度降至最低，具有重要的现实意义。

影响泥石流灾害的因素众多，如基础地质条件、气象水文等，因而决定其具有以下显著特点：①泥石流灾害具有突发性强、危害大、难以预测的复杂性；②泥石流灾害发生的时间、地点、规模和方式具有很大的不确定性；③泥石流灾害具有发生面广、点多的随机性，尤其近几年呈现出灾情严重、重大事件增多、人员伤亡突出、强降雨引发泥石流灾害增多的趋势。因此，构建一套可快速分析、快速建模、快速定量化评价区域泥石流的理论和方法体系，提高我国对泥石流灾害事件的应急能力，特别是为处于危险区域的山区城镇与农村居民提供安全保障，已成为当前迫切需要研究解决的重要课题。

目前，各国学者已经对降雨引发泥石流机理取得了一定认识。但现实中泥石流发生的地形地貌、物质组成与地质构造较为复杂，使得理论研究成果与实践应用存在着较大差距，在实际的应急工作中主要依赖于专家的现场经验判断。而针对区域泥石流灾害评价多局限于由点到面，由单沟到多沟，由单因素到多因素，针对全球地质灾害的防灾、减灾的研究与活动，已经由重点分析灾害形成条件和活动过程，扩展到区域灾害评价；在方法上，由野外调查定性评价，到引入信息量法、综合评判等半定量方法。目前，三维遥感（RS）和地理信息系统（GIS）技术全面引入区域地质灾害领域开展定量评价研究。因此，利用三维遥感和地理信息系统技术深入研究区域泥石流定量评价研究具有重大的理论意义和实践意义。

本书共分为5章，第1章为绪论，介绍泥石流灾害研究的背景意义、影响泥石流灾害的因素、引发泥石流的机理以及泥石流灾害的评价方法；第2章介绍研究区工程地质概况，包括研究区域的地质条件（地形地貌、地层与岩性、地质构造、水文条件、植被和人类活动）和研究区域的不良地质现象（水库渗漏、水库塌岸、水库浸没和泥石流）；第3章为泥石流土石量计算模型研究，介绍了泥石流流量计算的一般方法，并以盂底沟为例，采用三维遥感系统的方法计算泥石流沟的土石量；第4章研究了泥石流影响范围与溪流倾角关系，利用统计方法得出研究区泥石流影响范围与溪流倾角关系式，同时提出基于泥石流土石量的区域泥石流影响范围的计算模型，为快速确定区域泥石流影响范围提供理论依据，并选择典型区域对二维数值模型进行验证；第 5 章在区域泥石流定量计算和影响范围计算的基础上，利用三维遥感技术开展区域泥石流的危险性和易损性评价，为区域泥石流风险性评价提供依据。本书在此基础上构建快速定量评价的区域泥石流灾害的方法体系，并应用其进行区域泥石流风险性评价，为提高我国对泥石流灾害事件的应急能力做出应有的贡献。

在本书撰写过程中，北京科技大学的谢谟文教授和华北水利水电大学的刘汉东教授多次提出宝贵的修改意见，北京科技大学的蔡美峰教授、乔兰教授、纪洪广教授、高谦教授、王金安教授、李长洪教授、牟在根教授、宋波教授、苗胜军教授、陈德平副教授、刘洋教授、张连卫老师、刘翔宇、王立伟、许波、邓志辉、王增福、柴小庆、胡嫚、吴伟伦、何兴东、杜岩、欧阳珊珊、王子龙、陈梅琴等在我学习和科研的过程中给予了诸多指导和帮助，在此一并向他们表示衷心感谢！

由于作者水平所限，书中疏漏和不足之处在所难免，敬请广大读者批评指正。

作　者

2021 年 5 月

目　录

第 1 章

绪　论

1.1　研究意义

泥石流（Debris Flow）具有突发性、短暂性的特点，其危害大小与泥石流规模、山区资源、社会经济发展水平、人口密集以及经济建设现状有关，故泥石流灾害具有对象无选择性和重复性的特点，在暴雨、地震等条件激发时，泥石流灾情均可发生[1]。泥石流分布广、类型多、危害大，是一种极为严重而普遍的山地自然灾害。最常见的泥石流灾害形式是冲进村庄、城镇，淹没和破坏建筑物、交通设施、生命线设施及其他场所设施。泥石流灾害主要的破坏形式表现为：①淹没人畜、破坏土壤结构，导致不能耕种，严重的导致村毁人亡的事故；②淹没交通设施，如公路、铁路、车站，破坏公路和铁路基础、桥梁和洞涵等，致使交通中断，引起正在运行的火车、汽车倾覆，造成重大的地质灾难；③破坏水利工程，主要破坏水电站、灌溉和引水渠道及其他水工建筑物，淤埋水电站尾渠，并淤积水库、腐蚀坝面等，对水工建筑物安全造成严重威胁；④摧毁采矿设施，淤埋坑道、造成人员伤亡，产生巨大经济损失，甚至导致矿山报废。

分析世界各国地质灾害的分布情况可知，受到泥石流灾害威胁的国家多达70多个，主要沿阿尔卑斯山—喜马拉雅山系、环太平洋山系、欧亚大陆内部的一些褶皱山脉，以及斯坦的纳维亚山脉所在的国家分布，其中最严重的国家有俄罗斯、日本、中国、美国、奥地利、瑞士、印度尼西亚、意大利、新西兰等[2]。

泥石流的广泛分布给我国和世界其他国家造成了严重的经济损失和人员伤亡。1985年11月13日，哥伦比亚北部的贝约镇发生泥石流，造成26人死亡，30多人失踪；1967—1980年，日本有1700人死于泥石流灾害；1998年5月，意大利南部那不勒斯等地发生特大泥石流灾害，造成100多人死亡，2000

多人无家可归[3]；1999年12月，委内瑞拉首都加拉加斯附近数十条泥石流沟谷暴发泥石流，造成3万余人死亡，经济损失高达100亿美元[4]。2005年10月，危地马拉暴发泥石流，约1400余人被埋于泥石流之下；2004年11月，菲律宾发生洪涝和泥石流灾害，造成300多人死亡，150多人失踪[5]。

2004年7月，云南省德宏州及保山市先后两次发生特大泥石流灾害，共造成42人死亡，67人失踪，直接经济损失达8亿多元[6]。2010年8月7日，甘肃舟曲暴发特大泥石流灾害，共造成1744人死亡或失踪，冲毁农田944666.67m^3，毁坏房屋5508间，受灾人数近5万人。一般情况下，一个遭受泥石流危害的地区，往往需要几年甚至十几年的时间来恢复正常的生产和生活，严重制约了泥石流活动地区的经济和社会发展。

由于泥石流灾害形成机理与预测的复杂性、规模与方式的不确定性以及暴发区域的随机性，导致有效预防和减轻泥石流所带来的灾害是一项十分困难的任务。首先，掌握泥石流灾害的分布特征、发育规律和致灾机制，研究泥石流土石量的计算方法和影响范围，在此基础上对泥石流灾害进行危险性分区；其次，在深入分析泥石流成灾条件、致灾机制和承灾区社会经济属性的基础上，进行承灾体的易损性分析，进而开展泥石流风险区的灾害风险分析，评价不同泥石流风险区内的承灾体遭受泥石流危害的程度；最后，目前单条泥石流的防治与预防技术趋于成熟，但针对区域泥石流而言，由于涉及多条泥石流、复杂地质环境与条件、致灾因素的多样化以及工作量巨大均导致在开展区域泥石流灾害评价过程的困难。因此，利用三维遥感（Remote Sensing，RS）和地理信息系统（Geographic Information System，GIS）技术在获取数据方面的优势，深入研究区域泥石流定量评价研究，为处于危险区域的山区城镇与农村居民提供安全保障，实现山区社会经济可持续发展提供强有力的科学与技术支撑。

1.2 国内外泥石流研究现状及存在的问题

1.2.1 泥石流灾害研究现状

国际上，泥石流灾害的研究大致可分为4个阶段：①20世纪60年代以前，泥石流灾害研究主要限于灾害调查、形成机理和监测预测研究，重点调查灾害形成条件与活动过程[7-9]，其中，日本学者 Tamotsu Takahashi 于1991年编著了 *Dabris Flow：mechanics，prediction and countermeasures* 一书，该书系统地总结和论述了泥石流的基本特征和原理、运动过程及堆积过程[10]。②70年代后期，随着泥石流等突发性质灾害造成的危害和损失急剧增加，促使人类把减灾工作提高到前所未有的程度。在一些发达国家，首先拓展了灾害研究领域，在继续深入研究灾害规律和机理的同时，开始进行灾害区划和灾害评估工作，如美国地质调查局开展了大量的崩塌、滑坡、泥石流和地震灾害的危险性区划研究工作[11]。③80 年代，众多学者从灾害形成机制、规律和致灾过程等方面进行了深入探讨，特别是孕灾环境、致灾因子和承灾体等灾害三要素关系的分析和研究，发展了灾害学理论。④80 年代后期开始，随着空间信息技术和计算机技术的兴起与引入，国际上关于泥石流灾害的研究多集中在模型建立、数值模拟和计算实现上，如泥石流地质灾害制图，3S 技术在泥石流灾害监测、预报、评价、过程模拟、可视化仿真和数字减灾系统等方面的应用。

国内对泥石流的研究始于中华人民共和国成立初期，至今全国已有 30 多个科研、勘测设计院所和高等院校及 100 多个基层单位开展了泥石流研究和防治工作，在泥石流理论研究、区域综合考察、调查勘察、定位观测试验、室内模拟试验、预测预报和生物措施防治等方面做了大量的工作，取得了丰硕的成果[12]。

国内许多科研院所的学者和处于生产单位的一线工作人员，出版了大量关于泥石流的理论、观测试验、预防防治等方面的专著，为我国铁道、水利、交通、城建、地矿等部门在泥石流灾害防治方面提供了科学依据[13-15]。近年来，人们进一步认识到，研究灾害的根本目的是防灾减灾，最重要的是要预测人类将面对的未来灾害风险，因此，时至今日，对“风险”的研究已经成为泥石流灾害研究领域的前沿性热点课题[12]。

国内外开展泥石流灾害的研究工作主要是从自然科学角度研究其形成、运动、影响范围以及分布规律，而系统、定量评价区域泥石流灾害的研究成果并不多见。另外，目前的泥石流灾害研究仍多以单沟泥石流为研究对象，其研究内容多侧重于单沟泥石流灾害机理、灾害评价、预测预报和灾害防治及综合减灾对策等方面，而缺少区域泥石流灾害定量评价方面的系统性研究。

1.2.2 泥石流土石量计算方法研究现状

泥石流是一种山地不良地质现象，具有暴发突然、历时短、固体物质含量高、速度快、动能大等特点，破坏力极强，研究其形成、发生、发展的运动规律是防治工作的重要基础。

泥石流土石量定量计算经历以下几个阶段：

(1) 起步阶段。以统计、经验公式为主计算泥石流的流量和流速。

1928 年，美国地质学家 Bacwkilder 提出，泥石流是山区不良地质灾害的一种类型[16]，随后，许多国家众多学者先后对泥石流进行了深入的研究。

1930 年，苏联地质专家在对高加索山区和中亚山区资源的开发中出现的泥石流灾害进行了研究，对大阿拉木图河、小阿拉木图河进行了大范围的基础地质调绘和影响因素分析，并对泥石流物质的颗粒组成成分、物理性质、形成过程、运动机理开展专题和综合研究，首次提出计算泥石流流量、流速和动力特征的公式与方法。1947 年，苏联科学家提出一系列计算泥石流流量的算法，如通过流速与过流断面面积的乘积关系计算泥石流流量的算法（斯里勃内）；清水流量过程线来确定泥石流流量（索科洛夫斯基）；以颗粒分析曲线、泥石流过程线、颗粒粒级冲出时间和冲积物放量为研究对象，利用稀性泥石流输沙标准方程，确定泥石流流量（叶吉阿扎洛夫）。

（2）快速发展阶段。许多国家非常重视泥石流灾害，研究了泥石流的基本特征、形成机理、发生过程和堆积过程，探索泥石流土石量计算方法。

苏联科学院泥石流研究委员会于 1947 年成立，出版了许多与泥石流相关的专著，使得泥石流的研究进入了一个新的阶段[17]。

20 世纪 50 年代，我国学者将苏联学者提出的泥石流峰值流量的计算方法应用于我国公路与铁路工程建设中，泥石流峰值流量计算的方法主要以配方法和形态调查法为主，由于上述方法计算结果误差较大，我国学者通过对雨洪等参数修正来进行改进。

70 年代前期，我国学者和苏联专家利用泥石流形成、运动和堆积过程中观测的资料，分析了影响泥石流峰值流量的因素，第一次提出了计算泥石流峰值流量的成因法。成因法与配方法相比，更加切合实际情况，泥石流形成、暴发的复杂性、不确定性和随机性造成资料获取十分困难，通过采用综合系数或附加积系数来概括，导致其结果与实际存在偏差。

20 世纪 70 年代中期，苏联学者措维杨提出了基于空隙体积与土骨架体积关系来给定保证率的泥石流流量计算方法，外高加索水文气象科学研究所对赫尔赫乌利泽以泥石流的实测资料为依据，分析和研究泥石流流量的变化规律并改进了泥石流最大流量公式。C. M. 弗莱施曼综合考虑用图件法来确定泥石流流量的综合成因系数，用通用标准来确定清水最大流量，然后提出了一种泥石流最大流量分析计算方法。[18]

（3）探索阶段。新技术、新方法和新理论在泥石流土石量定量计算中的应用。

近 10 年来，国内外学者在泥石流定量计算的方法研究取得了长足的进步[19-23]。日本学者 Tamotsu Takahashi 利用 Bagnald 膨胀流体模型研究了泥石流的浓度和流速分布关系[24]，水山高久开展了一系列关于泥石流灾害的模拟试验，构建了基于动力学特征方程的一维和二维的泥石流数值模型[25]。

我国学者深入研究了泥石流的形成、运动和发展规律，通过实验、定点观测的方法定性、定量研究泥石流的运动和动力特性。另外，利用系统动力学原理与方法，建立了动力学模型研究泥石流的运动历史与发展过程[26-27]。巨砾型泥石流流量或泥沙总输出量的计算方法存在更多的不确定性，日本学者诹访浩等采取观测地基震动的方法计算泥石流流量[28]，我国学者谢修齐等根据泥石流区域产沙条件估计泥石流浓度，将沟槽浓度作为主要参数确定泥石流流量[29]。虽然各国学者在水力学、土力学和流变学理论基础上先后建立了泥石流理论模型，开展泥石流的形成和运动机理研究，但至今，仍不能建立一个通用泥石流模型准确描述泥石流的黏性、稀性、过渡性等流体特性，不能模拟泥石流的启动、运动、堆积过程等运动特征[30]。

1.2.3 国内外关于泥石流影响范围确定方法的研究现状

泥石流影响范围是指某一次泥石流从开始运动到最后停止所堆积的最大危险范围。泥石流影响范围是泥石流预测预报的核心，是国家和人民群众最为关注的问题，也是国内外研究热点和焦点，更是泥石流灾害研究的薄弱点。

20 世纪 80 年代初，日本学者开展了泥石流危险范围预测方法与模型的研究[31-34]，主要从以下 3 个方面开展研究：①从统计学的角度估算泥石流影响范围，主要依据流域面积估算泥石流的流出量，再根据流出量确定泥石流的冲出物堆积的长度和宽度[35]；②从水力学的角度利用模型试验确定泥石流的危险范围，主要利用泥石流堆积过程和堆积范围的模型实验，推导出泥石流龙头到达的最远距离[36-39]；③基于泥沙运动模型研究，构建泥石流危险范围的预测模型，预测泥石流的危险范围[40]。通过上述的研究取得了一些有益的结果，推动了泥石流影响范围确定方法的发展。

Mizuyama T 等[41] 利用泥石流动力学特性一维和二维方程分别预测了沟床比降的变化和泥石流的危险范围。1993 年，O'Brien J S 等构建了基于二维洪水模型并适用于泥石流的 Flow 2D 模型，并利用该模型计算并预测了城区泥石流危险范围[42]。由于数值模拟方法与实际状况存在出入，加拿大学者 O. Hungr 等[43]经过地质勘测，凭借多年的工作经验确定泥石流威胁范围。许多学者提出了多种泥石流危险范围的确定方法，奥地利学者奥里茨基依据泥石流运动和堆积特征，采用危险区制图指数法及荒溪分类法，用红色、黄色和白色将泥石流淤积后形成的积扇区域分别划分为有危害区域、有威胁区域及安全区域，以便于国家防灾减灾管理部门和当地人们采取必要的灾害防治与预防措施。

虽然在泥石流危险范围的预测预报研究领域中我国学者开展较晚，但通过不同计算方法、模型试验和理论应用等方面的深入研究，也取得了丰富的研究成果[44-55]。

1992年，刘希林等[56] 采用多元和逐步回归分析法，以泥石流流域背景因素作为预测指标，建立了泥石流危险范围预测模型，并用流域面积单因子预测泥石流危险范围，对该模型进行了验证，弥补了我国泥石流危险范围模型实验研究的空白。

李阔等[57] 采用多元回归分析法预测了泥石流的危险范围，并以昆明东川城区泥石流为例进行了验证。李同春等[58] 采用Geoflow软件进行数值模拟泥石流运动、堆积过程，以四川省某一较大泥石流沟为例进行验证，并与经验公式进行对比，对比结果证实二者基本一致，可知该方法具有非常广泛的工程应用价值。

唐川[59] 在二维非恒定流基本理论的基础上，对泥石流堆积泛滥过程及泥石流危险范围预测模型进行了深入的研究，并取得了一定成果。

2010年，张晨、陈剑平等[60] 根据堆积区形态差异特征将乌东德地区泥石流划分3组，提出一种变步长算法的泥石流危险范围预测模型，并根据多元非线性最小二乘法基本理论进行计算拟合，最后选择典型区域进行验证，取得了较好的效果。

1.2.4 区域泥石流风险评价方法研究现状

泥石流灾害分析是全球防灾减灾工作最为关注的热点问题。在国际上，20世纪30年代初美国学者W. J. Petak和A. A. Atkission共同著作了*Natural disaster risk evaluation and mitigation policy*一书，该书把自然灾害风险判别、风险预测和风险评价作为自然灾害风险分析的主要内容，并分别进行了十分详细的介绍，初步奠定了自然灾害风险评价理论体系。

在泥石流危险性方面，19世纪后半期，Iverson等初步设计泥石流危险度的问题[61]；日本学者足立胜治等最早对泥石流的危险度预测进行了科学研究，并重点从泥石流形成的地质地貌条件、泥石流运动变化形态和当地最近时段降雨雨量3个方面分析来预测泥石流发生的可能性[62]；20世纪80年代，日本学者高桥保和水山高久等采用连续流基础方程公式，以水力学原理首次研究成功了能够对泥石流影响范围进行定量计算的数学模型[63-65]。奥地利、瑞士等欧洲国家的泥石流研究学者利用红色、黄色和绿色来对泥石流危险区域、潜在危险区域和安全区域进行区分[66-67]。王礼先对泥石流沟的危险性进行了量化分析[68]；谭炳炎提出了泥石流沟严重程度的数量化综合评判方法[69]；20世纪80年代末，我国学者刘希林针对泥石流危险度的判定方法最早进行了深入的研究[70]；唐川在二维非恒定流基本理论的基础上，对泥石流堆积泛滥过程及泥石流危险范围预测模型进行了深入的研究，并将研究成果初步应用于实践[71]。20世纪90年代以来，越来越多的泥石流学者对泥石流运动基本方程和流变特性进行了更深入的研究，研究成果的日益成熟[72-74]，泥石流数值模拟方法也得到迅速发展[75-79]，唐川等利用4种流速和流深的不同组合，确定了泥石流危险性的四级标准[77]；韦方强等利用流速和流深2个因素建立了泥石流危险性动量分区模型[80]，并对中国山区常见的建筑物结构进行了建筑物破坏性冲击力模拟试验，确定了不同结构类型的建筑物在冲击力作用下的极限荷载，以该极限荷载为危险性分区的分级依据确定了分级的量化标准，使分区结果具有广泛可比较性[81]；胡凯衡等利用流速和流深2个参量建立了泥石流危险性的动能分区法，并用等分方差法对动能进行分级来确定不同的危险区[82-83]。因此，目前泥石流危险度的研究已经能够实现对泥石流危险度的定量计算、数值模拟操作的阶段。在泥石流易损性方面，国内外专门研究泥石流易损性的文章不多，只在少数文章中分析讨论泥石流灾害的易损性，并给出了计算公式[84-85]。

早在1981年，国际上成立了国际风险协会，开展灾害风险分析、风险管理与政策研究[86]，但专门进行泥石流灾害风险评价和分析的研究工作是随着“国际减灾十年”活动的开展，在20世纪90年代才逐渐在世界各国兴起，目前仍处于起步探索阶段。关于泥石流灾害风险分析与评价研究成果的直接效益尚不明显。目前，泥石流灾害风险分析与评价仍然是前沿探索性领域，中国学者相继开展了一系列有关泥石流的风险研究[86-93]。刘希林、苏经宇等对区域泥石流风险评价进行了研究，给出了区域泥石流危险度评价的8个指标和人财物的易损性计算公式[92,94]。日益丰富的研究成果使泥石流灾害风险分析的内容、方法与技术手段日趋丰富，逐渐形成了泥石流风险分析的雏形。

1.2.5 存在问题与不足

在分析泥石流土石量定量计算、影响范围确定以及风险性评价的国内外研究现状的基础上，对于区域泥石流定量评价主要存在以下5个方面的问题：

（1）泥石流土石量定量计算。由于泥石流的产流和汇流过程十分复杂，泥石流的形成机理尚未完全弄清，因此泥石流流量的计算也是一个复杂的问题，目前尚无成熟的理论计算公式，许多公式是建立在水文计算和统计分析基础上的间接确定方法和经验、半经验公式，缺少快速计算模型与方法。

（2）泥石流影响范围确定。泥石流的影响范围受相对高差、坡度、主沟长度、流域面积、物源等多方面因素影响，且具有典型的区域性。国内外专家学者较多地运用非线性方法进行预测预报，尚未能形成统一，不能准确有效地预测预报泥石流的影响范围，有关这一课题的研究仍需继续深入和完善。

（3）泥石流定量计算与评价过程中参数的不确定性。泥石流定量计算涉及众多参数，主要参数包括三大类：①表征泥石流特征参数，如断面面积、固体颗粒容重和泥石流容重等参数；②表征泥石流运动特征参数，如持续时间、暴发规模、流速等参数；③表征泥石流外在因素的参数，如降雨量、地形地貌、地质条件以及物质堆积等参数。这些参数的确定过程对于区域泥石流而言更为复杂。

(4) 目前关于泥石流定量评价研究主要针对单沟泥石流，而在区域泥石流定量评价方面的研究较少，没能形成可快速分析、快速建模、快速定量化评价区域泥石流的理论和方法体系。

(5) 泥石流现场环境恶劣，无法开展现场调查，亟须新技术新方法的应用。针对上述存在的问题，本书主要针对泥石流土石量计算、影响范围的确定和风险性评价 3 个方面展开定量评价研究，以期构建基于三维遥感与地理信息系统的可快速分析、快速建模、快速定量化计算的区域泥石流定量评价的理论和方法体系，提高我国对泥石流灾害事件的应急能力，特别是为处于危险区域的山区城镇与农村居民提供安全保障。

1.3 GIS 与泥石流

1.3.1 GIS 基本概念

地理信息系统（GIS）起源于 20 世纪 60 年代，是在计算机硬件和软件支持下，对整个或者部分地球表层空间中的有关地理分布数据进行采集、存储、管理、运算、分析、显示和描述的技术系统。地理信息系统处理和管理的对象是多种地理空间实体数据及其关系，包括空间定位数据、图形数据、遥感图像数据、属性数据等，主要用于分析和处理一定地理区域内分布的各种现象和过程，解决复杂的规划、决策、分析预测和管理的问题。GIS 由硬件、软件、数据、人员和分析 5 个主要元素组成，如图 1.1 所示。

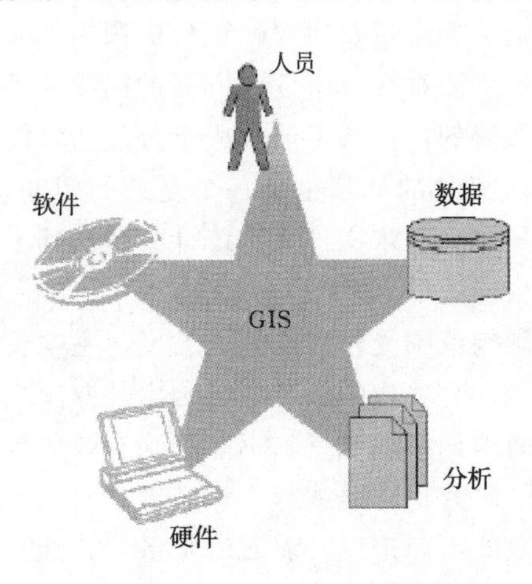

图 1.1 GIS 的五大组成部分

GIS 要解决的核心问题包括位置、条件、变化趋势、模式和模型，其他可以实现以下 5 个方面的功能。

(1) 数据采集与输入。数据采集与输入，即将系统外部原始数据传输到 GIS 内部的过程，并将这些数据从外部格式转换到系统便于处理的内部格式。多种形式和来源的信息要经过综合和一致化的处理过程。数据采集与输入要保证地理信息系统数据库中的数据在内容与空间上的完整性、数值逻辑一致性与正确性等。

（2）数据编辑与更新。数据编辑主要包括图形编辑和属性编辑。图形编辑主要包括拓扑关系建立、图形编辑、图形整饰、图幅拼接、投影变换以及误差校正等；属性编辑主要与数据库管理结合在一起完成。数据更新则要求以新记录数据来替代数据库中相对应的原有数据项或记录。由于空间实体都处于发展进程中，获取的数据只反映某一瞬时或一定时间范围内的特征。随着时间推移，数据会随之改变，数据更新可以满足动态分析之需。

（3）数据存储与管理。数据存储与管理是建立 GIS 数据库的关键步骤，涉及空间数据和属性数据的组织。栅格模型、矢量模型或栅格/矢量混合模型是常用的空间数据组织方法。空间数据结构的选择在一定程度上决定了系统所能执行的数据分析的功能，在地理数据组织与管理中，最为关键的是如何将空间数据与属性数据融合为一体。目前，大多数系统都是将二者分开存储，通过公共项（一般定义为地物标识码）来连接。这种组织方式的缺点是数据的定义与数据操作相分离，无法有效记录地物在时间域上的变化属性。

（4）空间数据分析与处理。空间查询是 GIS 以及许多其他自动化地理数据处理系统应具备的最基本的分析功能。而空间分析是地理信息系统的核心功能，也是地理信息系统与其他计算机系统的根本区别。模型分析是在地理信息系统支持下，分析和解决现实世界中与空间相关的问题，它是地理信息系统应用深化的重要标志。

（5）数据与图形的交互显示。地理信息系统为用户提供了许多表达地理数据的工具。其形式既可以是计算机屏幕显示，也可以是诸如报告、表格、地图等硬拷贝图件，可以通过人机交互方式来选择显示对象的形式，尤其要强调的是地理信息系统的地图输出功能。GIS 不仅可以输出全要素地图，也可根据用户需要，输出各种专题图、统计图等。

地理信息系统的大容量、高效率及其结合的相关学科的推动使其具有运筹帷幄的优势，成为国家宏观决策和区域多目标开发的重要技术支撑，也成为与空间信息有关各行各业的基本分析工具。其强大的空间分析功能及发展潜力使得 GIS 在测绘与地图制图、资源管理、城乡规划、灾害预测、土地调查与环境管理、国防、宏观决策等方面得到广泛、深入的应用。

地理信息系统以数字形式表示自然界，具有完备的空间特性，它可以存储和处理不同地理发展时期的大量地理数据，具有极强的空间信息综合分析能力，是地理分析的有力工具。地理信息系统不仅要完成管理大量复杂的地理数据的任务，更为重要的是要完成地理分析、评价、预测和辅助决策的任务。因此，研究广泛适用于地理信息系统的地理分析模型，是地理信息系统真正走向实用的关键，见表1.1和图1.2。

表1.1 GIS的三种数据类型

种类	适合的地形	表示方法	例 子
矢量数据	形状范围明确的地形	点、线、面	房屋形状，土地区域
栅格数据	连续变化的地形	规则阵列	标高、污染浓度、噪声水平
TIN	连续变化的地形	不规则的三角网	标高

1.3.2 GIS技术在泥石流灾害研究中的应用

泥石流灾害研究中地理信息非常庞杂，不仅包括高程、坡度、不良地质体、河流、岩性、断层等，还包括人口的分布、结构、迁移、受文化程度等，耕地和植被的变化等，并且它们是随着时间不断变更的，而GIS能快捷地对其更新，输出各种想要的信息。GIS的强大数据结构正是泥石流灾害研究所必需的，GIS还有一个最显著的优点是它能够有效地利用各种信息，包括文件资料、CAD设计图纸、工程勘查报告、卫星遥感数据等，整合到它自身的数据库中进行分析处理，给突发事件频繁发生的泥石流研究领域提供了一个非常有效的可靠的工具。

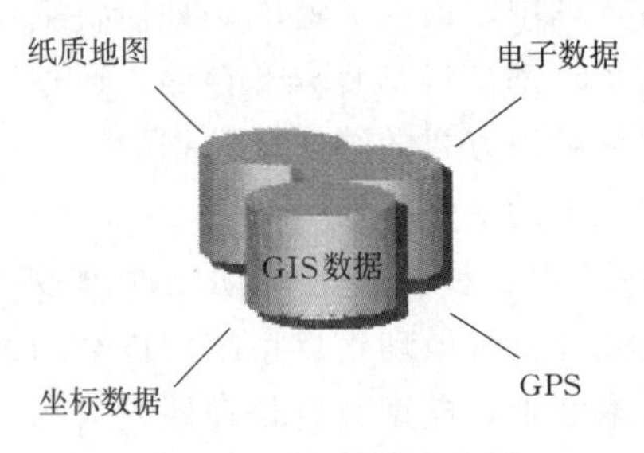

图1.2 GIS的信息来源

随着GIS技术的不断发展进步，GIS在地质灾害研究中快速深化，使得其在处理泥石流、滑坡等地质灾害空间数据变得更为容易，Walsh等[95] 利用GIS对泥石流的运动形态特征进行了可视化研究，Wadge等[96] 运用GIS技术建立了泥石流地貌灾害危险性及人口、财产易损性的评价模型。2003年，美国的泥石流研究专家Gregory C. Ohlmacher和John C. Davis利用不同的减指数与GIS技术对美国Kansas等地方的泥石流灾害进行了预测[97]；英国Benfield Greig地质灾害研究中心的专家Christopher R. J. Kilburn对目前的滑坡、崩塌和泥石流等形式的地质灾害研究方法利用GIS进行了系统的分析研究，认为在对滑坡、崩塌、泥石流等地质灾害的研究工作是运用多学科多领域知识的，不仅包括了地质学、地形学和遥感、测量学与流体力学理论的交叉与综合运用，同时也在地质地形勘查的基础之上，广泛地运用和借鉴遥感数据成像技术、数字化模型以及全球定位系统和地理信息系统等方面的先进技术成果，使地质灾害预测预报的精确度和可靠性得到提高，从而减小地质灾害的风险[98]。

国内泥石流研究学者刘洪江等[99] 就如何建立泥石流灾害信息系统的建立也进行了探讨，赵士鹏等[100] 利用GIS进行了泥石流危险性评价的GIS与专家系统集成方法研究，闫满存、许信旺等[101,102]利用 GIS 的空间分析功能对泥石流灾害危险度评价进行了研究，谢谟文等[103]对如何利用 GIS 对滑坡、泥石流等地质灾害进行了三维可视化研究。

GIS 技术经过 40 多年的不断发展，在泥石流研究工作中，对于泥石流数据处理、操作和分析，由定性分析到定量分析、由静态研究到动态研究、由现状描述到建立预测预报模型的不断深入和提高，使得 GIS 技术正在成为泥石流研究工作中不可缺少的工具，也发挥了越来越重要的作用。

1.4 本书研究目标、内容及技术路线

1.4.1 研究目标

本书以区域泥石流为研究对象，利用野外调查、模型计算以及三维遥感等技术，分析影响泥石流灾害致灾因子特征，研究定量计算区域泥石流土石量和影响范围的模型与方法，在此基础上构建快速分析、快速建模、快速定量化计算的区域泥石流定量评价的理论和方法体系，探索三维遥感和地理信息系统技术在区域泥石流风险性评价中的应用，为提高我国对泥石流灾害事件的应急能力，特别是为处于危险区域的山区城镇与农村居民提供安全保障，实现山区社会经济可持续发展提供强有力的科学与技术支撑。

1.4.2 研究内容

根据研究目标，结合国内外区域泥石流定量评价研究现状，针对存在问题与不足，提出本书的研究内容，主要包括以下方面：

（1）基于 RS 和 GIS 技术研究泥石流灾害致灾因子及泥石流承灾体的特征，并利用野外调查与查访相互验证。

利用三维遥感技术提取的致灾因子主要包括地质条件、地形地貌、水文条件和人类活动，其中人类活动主要包括植被因子和土地开发利用因子；提取承灾体特征主要包括承灾体的空间分布特征、数量与面积；同时利用野外调查验证遥感资料，确保解译过程可靠性。

（2）构建基于 RS 和 GIS 技术快捷计算泥石流土石量的方法，并选择典型区域进行验证。

（3）研究区域泥石流影响范围与溪流倾角关系，利用统计方法得出研究区泥石流影响范围与溪流倾角关系式，同时提出基于泥石流土石量的区域泥石流影响范围的计算模型，为快速确定区域泥石流影响范围提供理论依据，并选择典型区域利用二维数值模型进行验证。

（4）在区域泥石流定量计算和影响范围计算的基础上，利用三维遥感技术

开展区域泥石流的危险性和易损性评价，为区域泥石流风险性评价提供依据。

(5) 在此基础上构建快速定量评价的区域泥石流灾害的方法体系，并应用其进行区域泥石流风险性评价，为提高我国对泥石流灾害事件的应急能力做出应有的贡献。

1.4.3 技术路线

本书以区域泥石流为研究对象，以地质学、地貌学、工程地质学、系统科学以及数值模拟等理论为指导，在理论分析、野外调查及相关资料统计分析的基础上，利用三维遥感和地理信息系统技术开展区域泥石流定量化研究，探讨构建快速分析、快速建模、快速定量化计算的区域泥石流定量评价的方法体系，为工程建设和防灾减灾应急决策提供依据。区域泥石流定量评价的技术路线如图1.3所示。

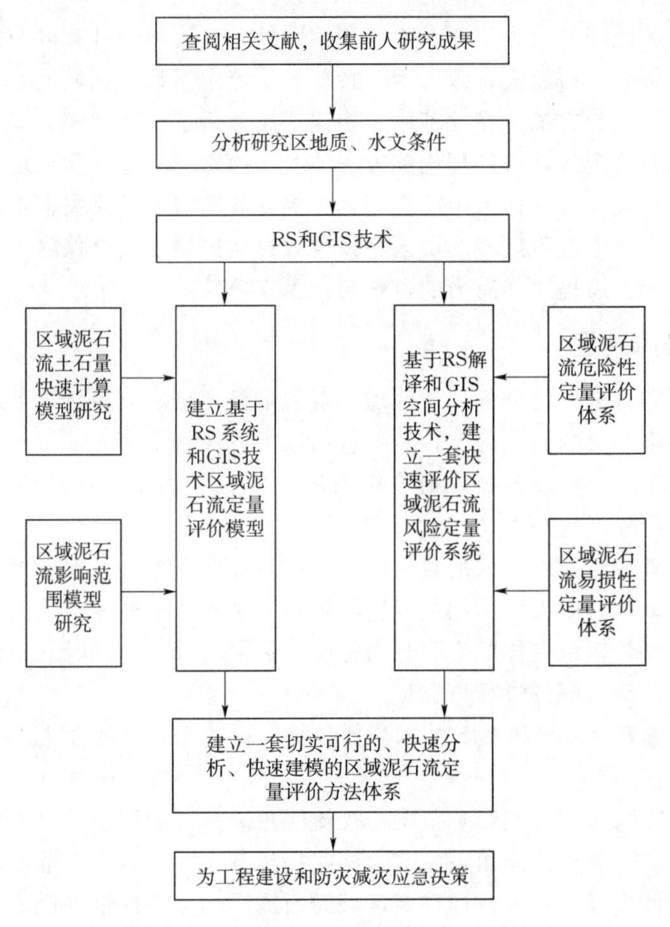

图1.3 区域泥石流定量评价的技术路线图

第 2 章

研究区工程地质概况

本章图片

2.1　水库工程概况

孟底沟水电站采用梯级开发，属雅砻江中游（两河口至卡拉河段）水电规划推荐方案的第五个梯级水电站，下游与杨房沟衔接，上游与楞古衔接。孟底沟水电站水库正常蓄水位 224m，最大坝高 206m，正常蓄水位以下库容 8.54 亿 m^3，调节库容 0.29 亿 m^3。电站总装机容量 220 万 kW，单机容量为 55 万 kW，与两河口电站联合运行多年平均年发电量 97.97 亿 kW·h。

雅砻江系金沙江的最大支流，发源于青海省巴颜喀拉山南麓，自西北向东南流至呷依寺附近进入四川省境内。此后，大抵由北向南流经四川甘孜、凉山两州，在攀枝花市的倮果注入金沙江。从河源至河口，干流全长 1571km，流域面积约 13.6 万 km^2，天然落差 3830m。

川滇交界处的地质构造复杂，新构造活动较强烈，第四纪以来的新构造运动以边界断裂继承性差异活动和断块间歇性整体抬升为特点。地形复杂，深切割的高山峡谷地形，是崩塌、滑坡、泥石流发育的有利场所。工程区地貌单元上位于川西大高原，区内地势呈现东西侧高，中部相对较低的态势。雅砻江鲜水河及其支流属于非常典型的高山峡谷地貌景观，河流峡谷狭窄，呈 V 形，河流两侧岸坡险峻陡峭，河流水面和谷肩相对高程差能够达到 500～1000m。

库区除牙依河—姜忠塘、张牙沟—八窝龙段所在河段极小部分呈 U 形宽谷外，绝大部分库段为高山峡谷，岸坡高陡。

库区地层分区属巴颜喀拉地层区玛多—马尔康地层分区雅江地层小区，以发育燕山期酸性侵入岩及一套上三叠统叠加浅变质岩系为特征，未见沉积岩。出露地层主要为三叠系上统杂谷脑组和侏倭组地层、燕山期酸性侵入岩，两套地层交替出现。库区河谷主要为坚硬岩横向谷、斜向谷和块状 V 形河谷，孜呷以下局部为纵向谷。

库区库盆地层为透水性较弱的三叠系变质砂岩、板岩以及花岗岩分布区，两岸山体雄厚，临谷相距较远，无通向下游大断裂。

调查区处于我国地震活动高发地区，地震活动频繁。边界发震断裂为鲜水河断裂带、理塘一德巫断裂带及玉农希断裂带。水库区由于NW向理塘—德巫断裂带和NE向玉农希（八窝龙）断裂带延入工程区，地震地质背景较复杂，在这两条断裂带内及其附近均有中强地震发生。地震活动是地质灾害发生的重要诱因之一。

分析孟底沟水电站库区工程地质条件、径流量、含沙量可知：该地区工程地质条件良好，为建设的高坝提供好的基础条件；并且该地区径流量大且稳定、含沙量小，水库淹没区涉及人口和建筑物少，电站蓄水后淹没损失小；孟底沟水电站采用五级梯级发电，使得该电站发电效益大且电能质量高，孟底沟水电站建成发电后可以作为川电外送、西电东送的非常重要的能源基地，对促进国家西部大开发意义重大。

2.2 研究区地质条件

2.2.1 地形地貌

研究区域位于青藏高原的东缘沙鲁里山脉与大雪山之间，地貌区划属川西高原，紧邻川西南高山区。地貌基本形态结构是具夷平面（或山麓剥夷面）的大起伏～极大起伏高山。区内山顶海拔多在3700～5300m，雅砻江两岸地形起伏和相对高差基本没有明显的差异。

研究区地貌基本形态结构是具夷平面（或山麓剥夷面）的大起伏～极大起伏高山，区内山顶面海拔为3700～5300m，岭谷高差大多达3500m，研究区山高谷深，干流总体呈SN向，除牙依河—姜忠塘库段、张牙沟—八窝龙段小部分呈U形宽谷外，多为V形峡谷，其中大部分为构造侵蚀高山V形峡谷。江面宽度50～100m不等，谷坡陡峭，坡度一般为50°～75°，两岸山体雄厚，坡体地形完整性相对较好。河谷阶地不发育且保存不完整，在牙依河、角坝、依河乡上游鱼儿顶等局部库段可见有阶地发育，主要为Ⅰ级、Ⅱ级基座低阶地。

研究区两岸支流发育，发育较大的支流主要有布林永沟、阿姜永沟、放马坪沟、孟底沟、张牙沟等，多数支流及冲沟坡降较大，水库回水距离短，水库浸没影响较小；研究区河谷两侧冲沟发育，一般延伸短而纵坡坡降大，沟口多见冲积物堆积，部分沟口可见洪积及泥石流堆积物，具有产生泥石流的可能性。

研究区域汇入雅砻江的大的支沟（大于5km）共计20余条，其中磨子沟最长约为42km。研究范围内共有大小支沟、冲沟830余条，密度约为130条/km，研究区域地形图如图2.1～图2.4所示。

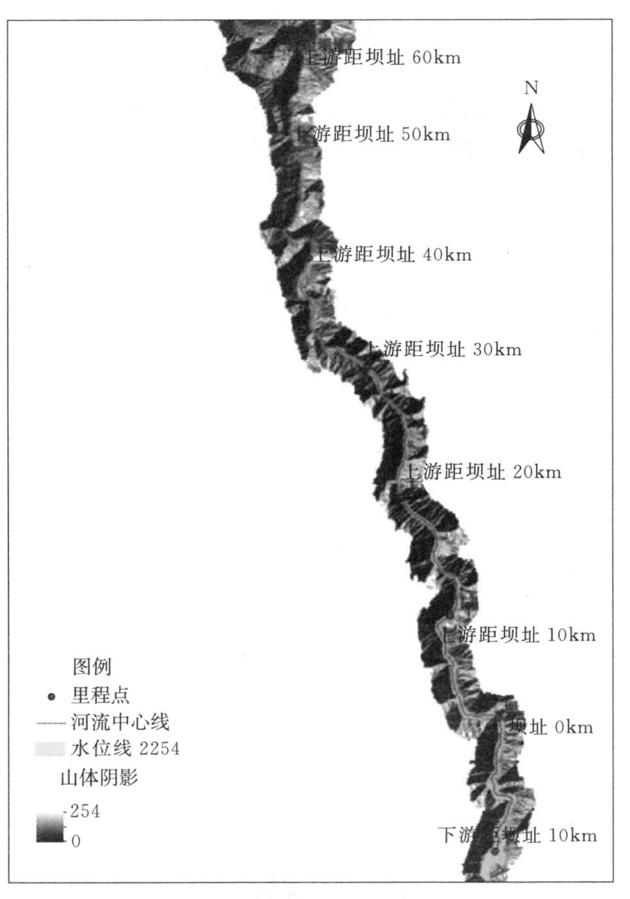

图 2.1 整体山体阴影图

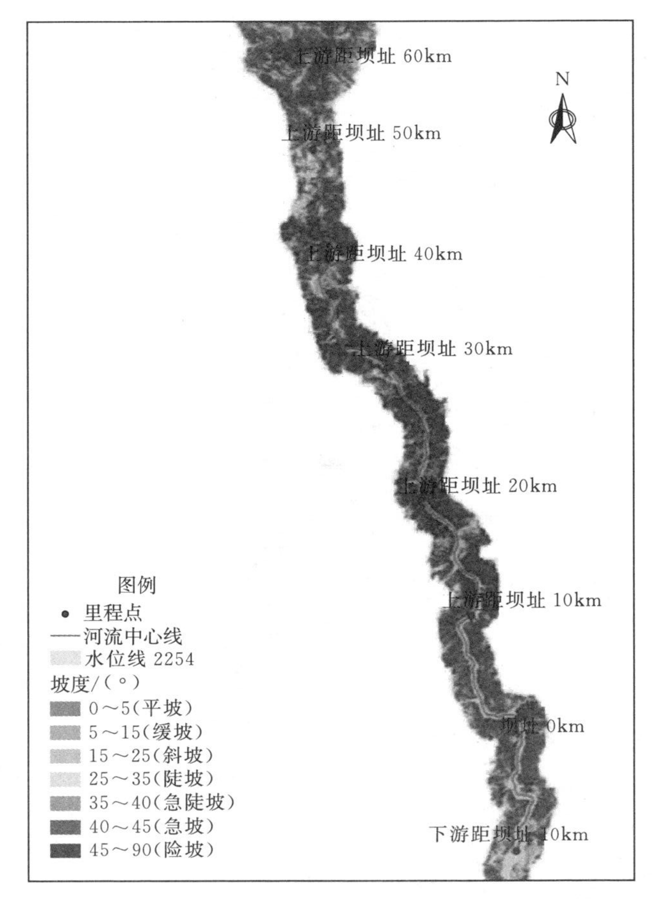

图 2.2 坡度分布图

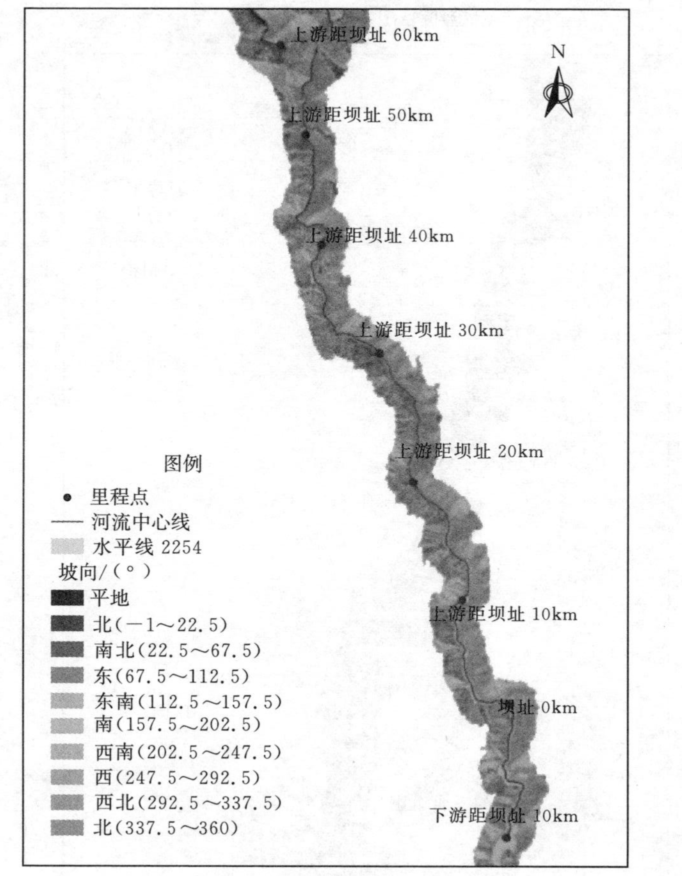

图 2.3 坡向分布图

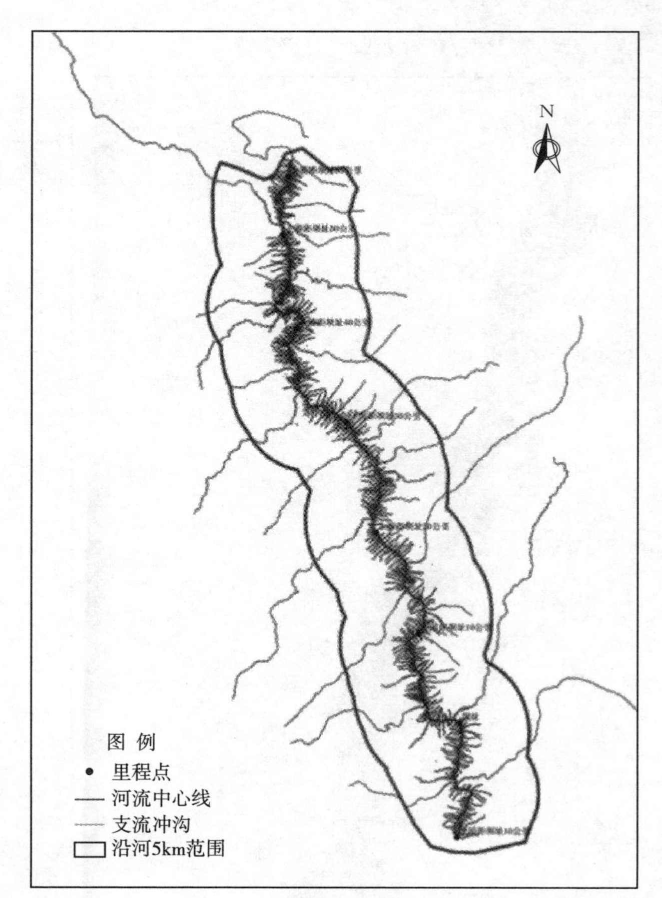

图 2.4 库区支沟、冲沟分布简图

根据研究区的地形分析，本报告对库岸边坡进行了地形阴影分析、边坡角分布分析及倾向分析，由此可定量地了解岸坡的地势状况。图 2.5 表明，河谷地貌以 V 形河谷为主。研究区河谷两侧岸坡较陡，只有极少范围有平地部分，水库蓄水后淹没范围较窄。

根据现场考察的相关图片也可以说明河谷地形地貌的状况。图 2.6 是岸坡的典型地貌特征，岸坡坡度 40°～50°，植被不甚发育，两岸山体雄厚，坡体地形完整性相对较好，高程在 1000.00～3000.00m 居多，为现代地壳上升形成 V 形河谷。

图 2.5 河段 V 形谷的典型地貌特征

图 2.6 河段岸坡的典型地貌特征

2.2.2 地层与岩性

研究区域地处松潘—甘孜造山带南部祝桑弧形构造带以南，主体属巴颜喀拉地层区玛多－马尔康地层分区雅江地层小区，西南角跨及玉树—中甸地层分区稻城—木里地层小区，以发育一套三叠纪浊积相碎屑岩建造为特征。

研究区地层出露较为齐全，从前震旦系至第四系，除缺失寒武系、侏罗系、白垩系、第三系外，其余各系地层均有出露。研究区及外围区地层岩性以发育一套上三叠统叠加浅变质岩系及燕山期酸性侵入岩为特征，蛇绿岩及脉岩也有出露，未见沉积岩。

研究区变质岩分布范围广泛，除了第四系松散堆积岩体外，所有出露地层的岩体均已遭受不同程度风化作用及其叠加改造，具有多类型、多期次、多变化的特征。

研究区侵入岩分布范围非常广泛，主要出露于雅砻江左岸，局部河谷深切，主要为印支期—燕山期花岗岩、黑云母花岗岩、花岗闪长岩、二长花岗岩、石英闪长岩和规模较小的花岗伟晶脉岩，岩石成分均属中酸性岩类。

卡尔蛇绿岩组主要由变质玄武质杂岩、变质硅质岩两部分组成，受构造混杂的改造较为强烈，仍残留有大致的原始层序，但下部的超镁铁质岩块、基性侵入杂岩在区内未见出露。

库区地层分区属巴颜喀拉地层区玛多—马尔康地层分区雅江地层小区，以发育燕山期酸性侵入岩及一套上三叠统叠加浅变质岩系为特征，未见沉积岩。

出露地层为三叠系上统杂谷脑组和侏倭组地层、燕山期酸性侵入岩，两套地层交替出现，其中杂谷脑组地层库段出露长约 19.2km，占总库长的 36%；侏倭组地层库段出露长约 27.8km，占总库长的 51%；侵入岩岩体主体出露于雅砻江左岸，局部穿切河谷，岩体规模大小不一，岩体类型既有简单的岩枝，也有多次侵入形成的岩株，在地表呈 NNE—SSW 向延长的不规则长条状，侵入岩岩性主要为花岗闪长岩和花岗岩，其出露库段长约 7km，主要分布于决尼及大孔段。第四系松散堆积物零星分布于沿江两岸坡脚及谷底。

图 2.7 所示为雅砻江左岸牙依河附近的岸坡基岩出露状况。图 2.8 所示为孟底沟上游 1.5km 附近的岸坡基岩出露情况，能明显看到变质岩和沉积岩的过渡界限。

图 2.7 雅砻江左岸牙依河附近的岸坡基岩

图 2.8 孟底沟上游岸坡岩性改变界限

根据遥感影像的色调与色彩、地物的几何特征、阴影、影纹图案等解译标志，将库区范围进行解译分块，同时参考库区 1∶5 万的地质图得到库区分块范围内的地层岩性，结合现场勘查及验证，将库区沿河两岸 5km 范围按以下地层岩性划分为 5 个区域：石英闪长岩，砂岩、板岩，砂质板岩，花岗闪长岩，二长花岗岩等。具体分布如图 2.9 所示。

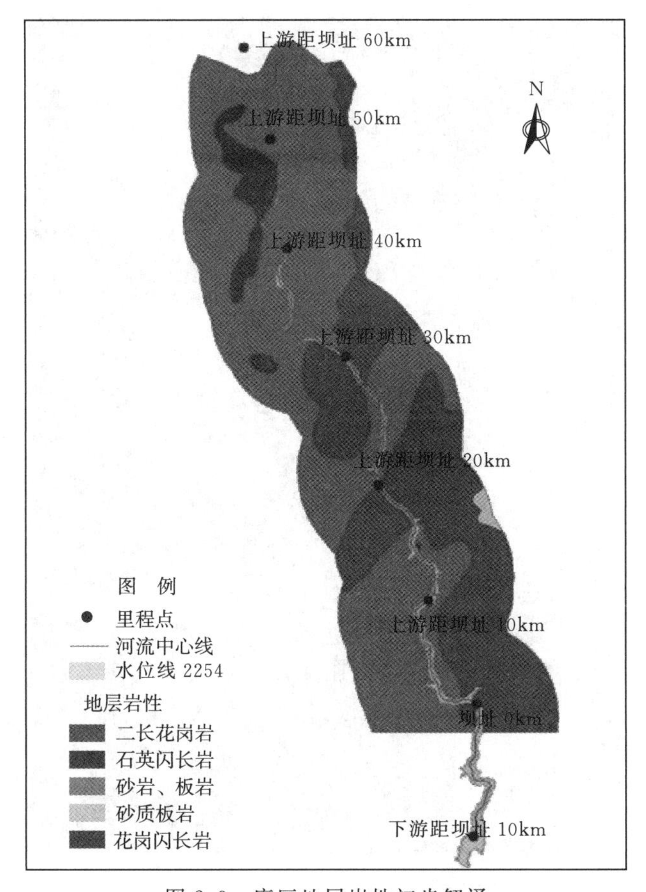

图 2.9 库区地层岩性初步解译

2.2.3 地质构造

研究区域位于“川滇巨型菱形断块”内，由鲜水河断裂带、锦屏山—小金河断裂、甘孜—理塘断裂带、理塘—德巫断裂带所围限的次级断块——“雅江—九龙断块”西南边，近邻西边界理塘—德巫断裂。

该区区域断裂构造发育，西部发育的理塘—德巫边界断裂带由 NW 向转为 SN 向，断块内发育的玉农希断裂带向 NE 延伸至八窝龙，在坝址区下游切割前者，构成 Y 字形构造格局，孟底沟近场区位于 Y 字形交汇部位，坝址区处于理塘—德巫断裂带与玉农希断裂带所夹持的三角形地带。其区域构造格局为 NE、NW、SN 向褶皱、断裂及弧顶向南和向西的弧形构造，规模较大者为雅江弧及祝桑弧，工程场址位于祝桑弧形构造弧顶外以南、九龙弧形构造弧顶以西地带。

库区内断裂（层）构造主要发育有 NNW—近 SN 向的中马岩断裂、牙依河断裂及 NE 向的阿姜断裂、合合海子断裂，其分布如图 2.10 所示。

图 2.10 库区地质构造分布图

(1) 中马岩断裂：总体走向 N40°W，向 NE 或 SW 陡倾，但总体向 NE 陡倾，延伸百公里以上，断层地貌标志明显，由马岩沟、让忠希、擦若赫西侧支沟、奔戈乡沟等断层谷形成线状对头河，在达合、玛伊达巴和下木拉之间形成一系列线状排列的小垭口负地形，在达合至木拉区间还构成了呈直线排列的坡积裙的后缘，距坝址最近约 7.0km。

(2) 牙依河断裂：北起库尾的蒙古山附近，大体上沿雅砻江右岸呈 SN 向延伸，角坝以南则多次穿越雅砻江，向南与理塘—德巫断裂带呈斜接关系，长度约 30km。两盘为三叠系侏倭组地层，走向近 SN—NNE，倾向 W 或 NW，倾角 60°～70°，向南倾角变陡可达 80°。在石罗堡—玛提公路，断层产状 N43°E/NW∠75°，破碎带宽约 2m，角砾化、劈理化、透镜化，擦痕近水平右行。综合分析判断，牙依河断层中更新世以来不具活动性。主要表现在：①断层规模不大，属于印支期定型的浅层次脆性断层，线性地貌特征不明显，无断错地貌标志，沿断裂带无地震活动显示；②断层穿越第四系地段，无褶皱、断裂及扰动现象；③断层岩固结良好，未见断层泥发育。

（3）阿姜断裂：大体沿阿姜永沟发育，断层走向NNE，向NE穿过雅砻江延伸至茶花林附近消失，延伸长约17km。该断层中更新世以来不具活动性。

（4）合合海子断裂：断层位于坝址区北部，横穿库区，距坝址区最近约9km，在中段发育一条与之近于平行的放马坪断裂。断层走向NNE，倾向SE，倾角约80°，断层带岩石破碎，宽5～6m，主要由构造角砾岩、碎斑岩及碎粉岩组成。由西南端尼迪公向北东经西河、合合海子、日莫莫西，消失于忠古，全长约80km。该断裂带南西段主要发育于燕山期花岗岩体之中，北段发育于三叠系侏倭组变质砂岩、板岩地层之内，为挤压兼右旋，线性地貌特征较不明显，局部呈直线形负地形。断层不具活动性，沿断层无地震活动，未见断错地貌标志。

2.2.4 研究区水文条件

据统计，研究区内的暴发的泥石流几乎全是由于暴雨而引发，因此本地区的泥石流又称为暴雨型泥石流。同时研究区为典型的西南高山峡谷地区，在雨季常常伴随强降雨，强降雨不仅降雨量大，且历史短，使得沟里的松散物质迅速向泥石流转化。

根据气象资料可知，本地区年平均降雨量为500～900mm，降雨量在空间和时间上分布不均，60%左右的降雨主要集中在6—9月。根据统计该地区海拔高差变化大，海拔越高降雨量越大，另外迎风坡大于背风坡的降雨量，上述因素导致该地区降雨量在空间变异性大。

该研究区内24h降水量一般多为20～150mm，1h的降水量大概为41～49mm，10min的降水量大概为16～30mm，而该区形成泥石流的最小雨强通常为15～20mm/h，有些泥石流沟，当10min降雨量达到8～10mm时，泥石流也会暴发。通常来说，当降雨历时超过1h，降雨强度大于25mm/h，降雨就可能会引发泥石流。

2.2.5 研究区植被条件

研究区有森林覆盖率达35.4%，高于全国平均水平。现有木材蓄积量13100万m^3。主要树种有冷杉、云杉、落叶松、华山松、油松、云南松、铁杉、高山栎、桦木等。研究区的地貌类型、水文条件及人类活动等具有明显的空间差异性、植物种类也相应呈现出一定的地带差异性，在空间上随着纬度和海拔高度的变化存在水平分布规律和垂直分布规律。

2.2.6 研究区人类活动条件

随着研究区人口增加、经济发展和对资源的需求增加，使得人们不合理的农牧业生产，导致研究区林地和草地均受到不同程度的破坏，从而使得植被的水土保持功能下降，加剧了水土流失，产生了大量的碎屑物，为泥石流的形成提供了物质条件。

2.3 不良地质现象

孟底沟水电站工程规模大，地处松潘—甘孜造山带南段核心部位，区域地质构造背景较复杂，新生代陆内造山作用强烈，以褶皱为主，断裂构造不发育。区内不良地质现象十分发育，其中以滑坡、崩塌、泥石流最为普遍。根据遥感解译分析，并结合现场考察和验证，孟底沟水电站库区共判释出滑坡3处、崩塌6处、堆积体17处、泥石流21处以及变形体1处，如图2.11所示。

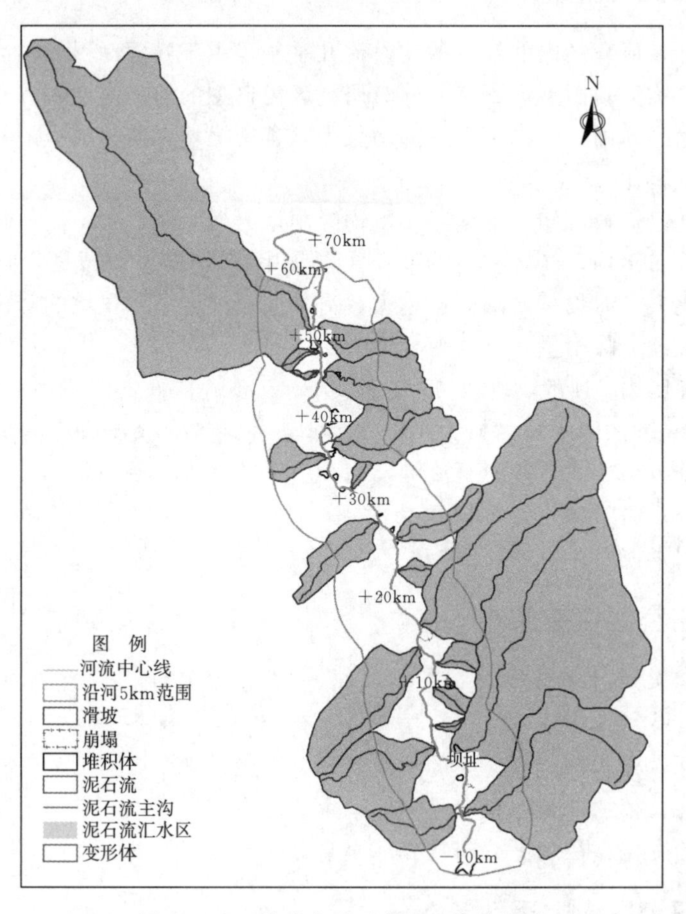

图2.11 孟底沟库区不良地质体分布图

这些不良地质现象将严重影响水工建筑物的布置及选择。可以预见随着蓄水开始及水位上升，库区周边的边坡很有可能发生一系列的滑坡、崩塌等地质灾害。本书选取泥石流为对象进行研究。

2.3.1 水库渗漏

孟底沟水电站水库为高山峡谷型水库，山顶面海拔为3700～5300m，岭谷高差大多大于3000m，雅砻江两岸地形起伏和相对高差基本没有明显的差异，分水岭高大雄厚，水库地形封闭条件好，无库水向邻谷渗漏的地形条件，孟底沟水电站坝址位置示意如图2.12所示。

库区地层以燕山期酸性侵入岩及上三叠统叠加浅变质岩系为主，无可溶岩发育，库盆岩性为花岗岩、板岩、变质砂岩等，新鲜岩石属微弱透水岩石。因此，不具备库水向地下渗漏的岩性地质条件。

图2.12 孟底沟水电站坝址位置示意图

如图2.13所示，库区内发育牙依河、阿姜、合合海子三条断裂。牙依河断层顺雅砻江右岸呈SN向延伸，至决尼止，长约20km，在牙依河乡沿断层带有温泉出露，其出露高程高于水库正常蓄水位；阿姜断裂沿阿姜永沟发育，走向北东-南西，长约17km，中更新世以来不具活动性，断层岩固结良好；合合海子断层沿放马坪沟发育，走向北东向，全长约20km，该断层主要发育在燕山期花岗岩及三叠系侏倭组变质砂岩地层中，中更新世以来不具活动性，断层岩固结良好。库内发育的三条断裂，均未穿越分水岭，且断裂破碎带透水性差，不可能形成渗漏通道。因此，水库蓄水后不存在沿断裂渗漏条件。

综上所述，孟底沟水电站水库无库水向外渗漏的可能性。

2.3.2 水库塌岸

库区库岸稳定性总体上较好，局部库岸陡峻，风化作用较强，卸荷裂隙较发育，蓄水后存在局部失稳或库岸再造。本书采用岸坡结构法及基于GIS的极限平衡法相结合对库区可能发生塌岸的岸坡区段进行了塌岸范围及宽度的

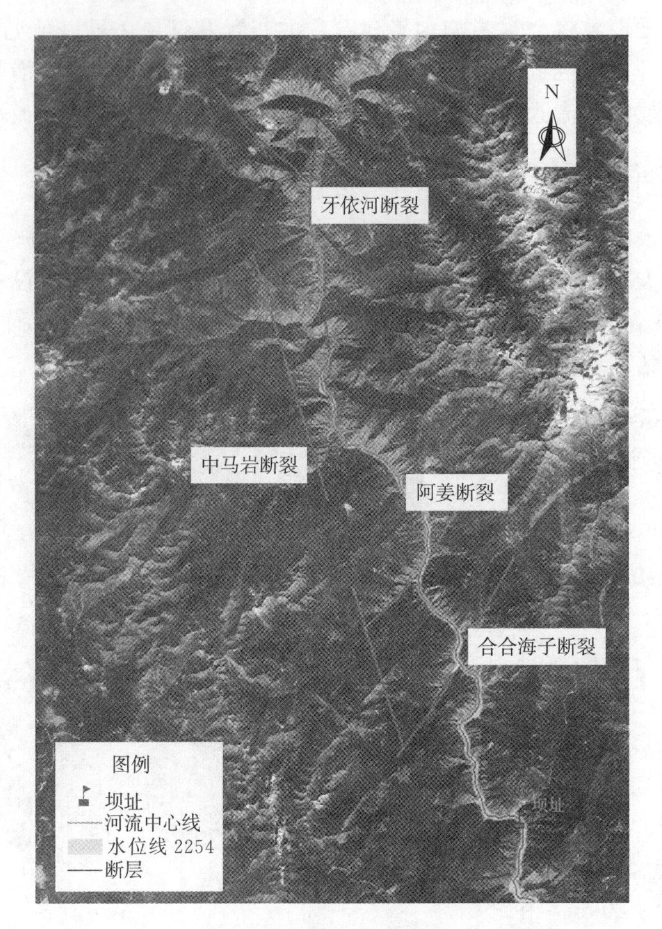

图 2.13 库区断裂分布

分析。

2.3.2.1 研究区域塌岸范围初步分析

塌岸与不良地质现象、第四系覆盖层和人类活动区域有非常密切的关系，主要发生在水位线附近，因此距离河岸线较远的第四系覆盖层和人类活动区域可以不做考虑。同时由于研究区域的运行工况是拟定正常蓄水位，高程为2254.00m，因此对水位线以下的淹没区域不作考虑。不良地质现象中主要考虑对研究区域影响较大的滑坡和堆积体。同时在第四系覆盖层和不良地质现象分布相交时，主要考虑不良地质现象的范围；第四系覆盖层和人类活动区域相交时，主要考虑人类活动区域。基于以上分析，参照解译成果，在GIS数据库中初步划分研究区域塌岸范围。为便于叙述，结合塌岸范围初步分析结果及研究区域工程地质分段，将库区按照库首、库中、库尾，分为Ⅰ区、Ⅱ区、Ⅲ区三段塌岸区域，Ⅰ区范围与放马坪—坝址段相同，Ⅱ区范围包括为大空—放马坪段、阿姜段、决尼段三段，Ⅲ区范围与库尾一决尼段相同，如图 2.14～图 2.16 所示。

通过分析塌岸与研究区域不良地质现象、第四系覆盖层和人类活动区域的关系，确定塌岸的分布与上述工程地质条件的分布关系密切，针对研究区域内的地质条件，参考相关工程资料及现场勘查结果，对研究区域内地形地貌、地层岩性、岸坡结构、不良地质现象、工程地质分段、第四系覆盖层和人类活动区域进行遥感解译，根据解译结果结合研究区域运行工况，初步划分研究区域塌岸范围，将研究区域从库首到库尾划分为三段区域（Ⅰ区、Ⅱ区、Ⅲ区），更有利于后面对研究区域塌岸预测结果的统计和评价。

2.3.2.2 研究区域塌岸模式

1. 研究区域塌岸预测剖面位置选定

为更好地确定研究区域塌岸模式，便于下步塌岸预测计算效果更好，按照初步塌岸范围分析结果，根据遥感影像及地形特点选定并画出各个范围的塌岸预测剖面位置。沿河分布较长的堆积体相应地做了多处塌岸剖面。为更好地对研究区域塌岸情况进行整体统计和评价，结合 GIS 数据库和河谷形态，另选取 4.6km、12.5km、14.5km、18km、42.7km、51.9km 共 6 处岸坡进行塌岸预测。研究区域塌岸预测剖面位置分布如图 2.17 所示。

2. 研究区域塌岸模式划分

塌岸模式和规模很大程度上取决于岸坡的形态和结构特征，调查结果显示：岸坡的形态特征与塌岸关系密切，河流切割强烈，地形越陡，越容易产生塌岸。一般情况下，岩质岸坡比土质岸坡更能经受风浪的冲刷，土质库岸比岩质库岸更易产生塌岸。而同样是土质岸坡，外界条件相同时，陡坡型土质岸坡和上陡下缓型土质岸坡比缓坡型土质岸坡更易产生塌岸。岸坡上植被越发育，库岸稳定性就越好。岸坡表层堆积物越松散，塌岸将越强烈。

岸坡类型往往决定塌岸类型。缓坡型土质库岸地段一般表现为冲蚀磨蚀型塌岸；松散堆积层较厚的岸坡一般易形成坍塌型或滑移型塌岸；节理裂隙发育的陡崖易形成坍塌型塌岸。

研究区域流域总长度约 57km，区域内河谷形态绝大多数为高山 V 形峡谷，占区域总长度的 87.7%，仅有 12.3%为 U 形中宽谷。区域内岸坡结构比较复杂，块状岸坡、顺向岸坡、反向岸坡、斜向岸坡、横向岸坡相互交错，水库两岸陡坡、缓坡，凸坡、直坡、凹坡交替出现。

对照研究区域塌岸预测剖面处的地形地貌，结合研究区域岸坡结构、河谷类型、地层岩性、工程地质分段、库岸稳定性分段、不良地质现象、第四系覆盖层和人类活动区域解译情况以及相关资料，发现以下特点：

图 2.14　研究区域第四系覆盖层分布图

图 2.15　研究区域人类活动区域分布图

图 2.16　研究区域初步划分塌岸范围及塌岸区域示意图

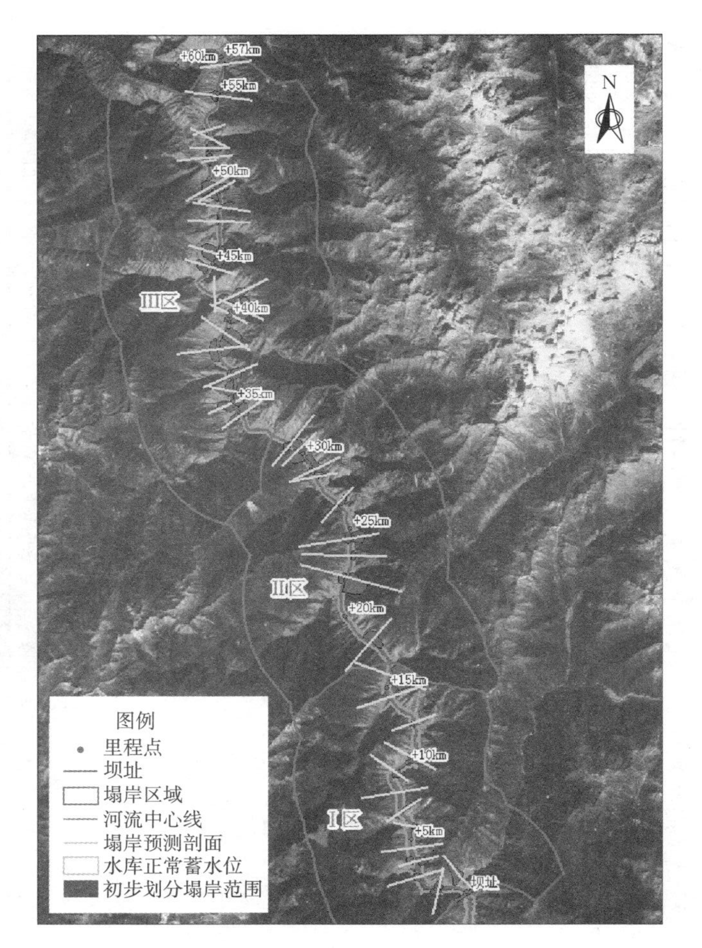

图 2.17　研究区域塌岸预测剖面位置图

缓坡在U形中宽河谷比较集中，岸坡表层以土质岸坡为主，主要为冲洪积堆积以及崩坡积堆积，塌岸模式主要为冲蚀磨蚀型塌岸滑和滑移型塌岸。V形峡谷为坡度较陡，甚至发育有近直壁，主要为土质岸坡和岩土混合岸坡，同时有几处较大崩坡堆积体和滑坡堆积体分布在两岸，因此塌岸模式主要为坍塌型和滑移型塌岸，同时也分布有冲蚀磨蚀型塌岸。

由以上分析，得知本研究区域内塌岸模式多为冲蚀磨蚀型塌岸、坍塌型塌岸和滑移型塌岸，而坍塌型塌岸以坍塌后退型为主，滑移型塌岸为深厚堆积层浅表部滑移型。按照岩土组成对研究区域岸坡进行一级划分，对岸坡岩土组成的形态进一步进行二级划分，并划分了塌岸模式，详见表 2.1。

表 2.1　　研究区域塌岸模式按岸坡岩土结构分类

一 级 划 分		二 级 划 分		塌岸模式
名　称	代号	名　称	代号	
土质岸坡	Ⅰ	崩坡积岸坡	$Ⅰ_1$	坍塌型
				滑移型
				冲蚀磨蚀型
		坡洪积或泥石流堆积岸坡	$Ⅰ_2$	冲蚀磨蚀型
		冲洪积土质岸坡	$Ⅰ_3$	冲蚀磨蚀型
		滑坡堆积岸坡	$Ⅰ_4$	滑移型
		冰水堆积岸坡	$Ⅰ_5$	坍塌型
岩土混合岸坡	Ⅱ	土一硬岩岸坡	Ⅱ	坍塌型

3. 研究区域塌岸预测方法

研究区域属于高山峡谷地区，地质条件、岸坡结构的复杂多变，不同的塌岸预测方法进行塌岸预测时，其结果往往差别很大，甚至有部分塌岸预测的结果不太合理。不同位置的岸坡，由于类型不同，发生塌岸的模式不尽相同，所适用的塌岸方法也不同。研究区域塌岸预测过程中，冲蚀磨蚀型塌岸和坍塌型塌岸采取岸坡结构法进行预测分析；滑移型塌岸采用 3DSlopeGIS 搜索潜在滑动面，从而进行塌岸预测，研究区域塌岸预测流程如图 2.18 所示。

4. 研究区域塌岸预测参数及模型选择

研究区域塌岸由于岸坡结构不同，在库水动力作用下所表现的塌岸机理也不同，对应的各种类型塌岸的参数也不尽相同，研究区域塌岸预测中所采用的塌岸模式可被分为如下 3 种：

(1) 冲蚀磨蚀型：水下堆积坡角、冲磨蚀坡角和水上稳定坡角。

(2) 坍塌型：水下堆积坡角、冲磨蚀坡角和水上稳定坡角。

(3) 滑移型：实测岸坡剖面、岩土体强度力学参数和下伏基岩顶面倾角等。

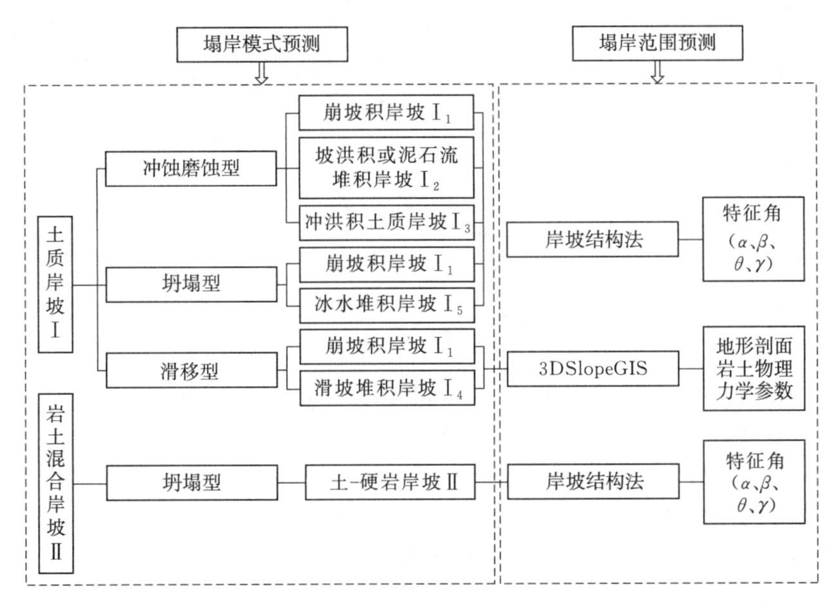

图 2.18　研究区域塌岸预测流程图

冲蚀磨蚀型塌岸和坍塌型两种塌岸模式预测时使用岸坡结构法，主要参数由 4 个特征角和 2 个水位高程共 6 个参数组成。4 个特征角是原始岸坡坡角、水下堆积坡角、冲磨蚀角坡角、水上稳定坡角；2 个水位高程是研究区域设计高水位和设计低水位。

水下堆积坡角是指在库水冲刷磨蚀作用下的岸坡松散土体在水下浅滩部位堆积而形成的稳定坡角。冲磨蚀坡角是指在库水长期作用下，在水位正常调度范围内（研究区域为 2209～2254m）岸坡岩土体的稳定坡角。水上稳定坡角是指在设计高水位（研究区域为 2254m）之上，岸坡岩土体在外界营力共同作用下的稳定坡角。原始岸坡坡角是水库蓄水前，岸坡岩土体在外界营力共同作用下的稳定坡度角。

塌岸预测设计水位根据研究区域水库拟定运行正常蓄水位（2254m）和最低蓄水位（2209m）来确定。

冲蚀磨蚀型塌岸与坍塌型塌岸预测特征参数见表 2.2，本书综合应用纵向类比法和横向类比法调查研究区域内的各个特征角取值范围。

表 2.2　研究区域冲蚀磨蚀型塌岸与坍塌型塌岸预测特征参数表

成因类型	物质组成	水下堆积坡角	冲磨蚀坡角	水上稳定坡角	原始岸坡坡度
崩坡积（Q^{col+dl}）	块碎石或块碎石夹土	19°～26°	20°～28°	35°～65°	25°～71°
冲洪积（Q^{al+pl}）	砂卵砾石层	16°～25°	21°～28°	29°～35°	10°～44°

续表

成因类型	物质组成	水下堆积坡角	冲磨蚀坡角	水上稳定坡角	原始岸坡坡度
泥石流堆积或坡洪积（$Q^{sef+pl+dl}$）	含泥块碎石、碎石土	12°～22°	18°～26°	27°～32°	15°～44°
冰水堆积（Q^{gl}）	块碎石土	30°	40°	50°	37°～70°

由于研究区域V形河谷广泛分布，岸边的下伏基岩主要由花岗闪长岩和砂岩板岩组成，较坚硬的岩石分布广泛，两岸岸坡陡峭，岸坡坡角大于第四系覆盖层正常状态下的稳定坡角，即第四系覆盖层是依附在下伏基岩之上的，因此认为该区域下伏基岩的表面形态与岸坡形态基本一致。

鉴于以上分析，研究区域冲蚀磨蚀型和坍塌型的塌岸预测使用“浅表层堆积体及覆盖物的均质岸坡”模型，如图2.19所示，模型中岸坡预测线与基一覆界面相交且下伏岩层完整。该模型在消除岩层相关数据的同时提高了运算速度，结合GIS数据库，可以现场快速计算出塌岸范围，以便现场有针对性的进行检测和深入研究。

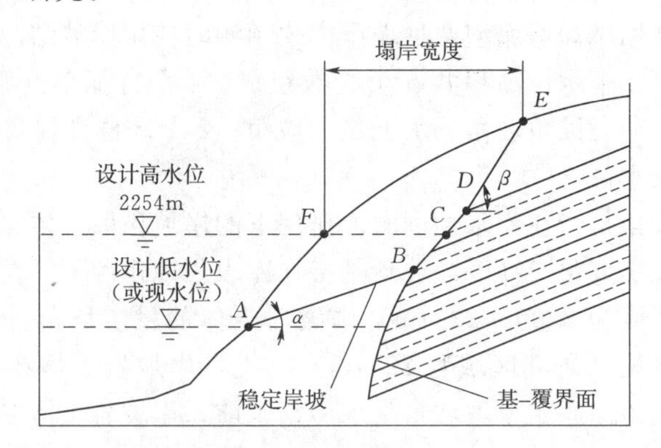

图2.19 研究区域冲蚀磨蚀型和坍塌型塌岸预测模型示意图

对于滑移型塌岸，塌岸宽度的预测就是找到塌岸所在处滑坡的空间范围，尤其是滑移体的后缘边界，即使用3DSlopeGIS搜索塌岸处出潜在滑动面，由此确定塌岸宽度。该方法将边坡相关的地形和地质信息抽象为GIS层，用一组栅格数据集分别表示地面高程、各地层、不连续面、地下水及力学参数等，如图2.20所示。

基于Mohr-Coulomb准则，滑体的三维安全系数可以用可能获得的抗滑力与滑动力之比来计算：

$$SF_{3D}=\frac{Available\_force}{Sliding\_force} \tag{2.1}$$

式中：SF_{3D} 为三维安全系数，无量纲；*Available _ force* 为抗滑力，N；*Sliding _ force* 为滑动力，N。

数学上，抗滑力与滑动力分别表示为抗剪强度与摩擦力在滑裂面上的积分，但往往不能采用显式求解方法求解。如图 2.20 和图 2.21 所示，边坡三维极限平衡的柱体分析方法将滑坡体离散为一组柱体的集合，每个柱体以一个栅格表示，采用差分形式分别计算抗滑力与滑动力：

$$SF_{3D}=\frac{\sum_x \sum_y f_R(x_i, y_i)}{\sum_x \sum_y f_S(x_i, y_i)} \tag{2.2}$$

式中：SF_{3D} 为三维安全系数，无量纲；$\sum_x \sum_y f_R(x_i, y_i)$ 为栅格上抗滑力，N；$\sum_x \sum_y f_S(x_i, y_i)$ 为栅格上滑动力，N。

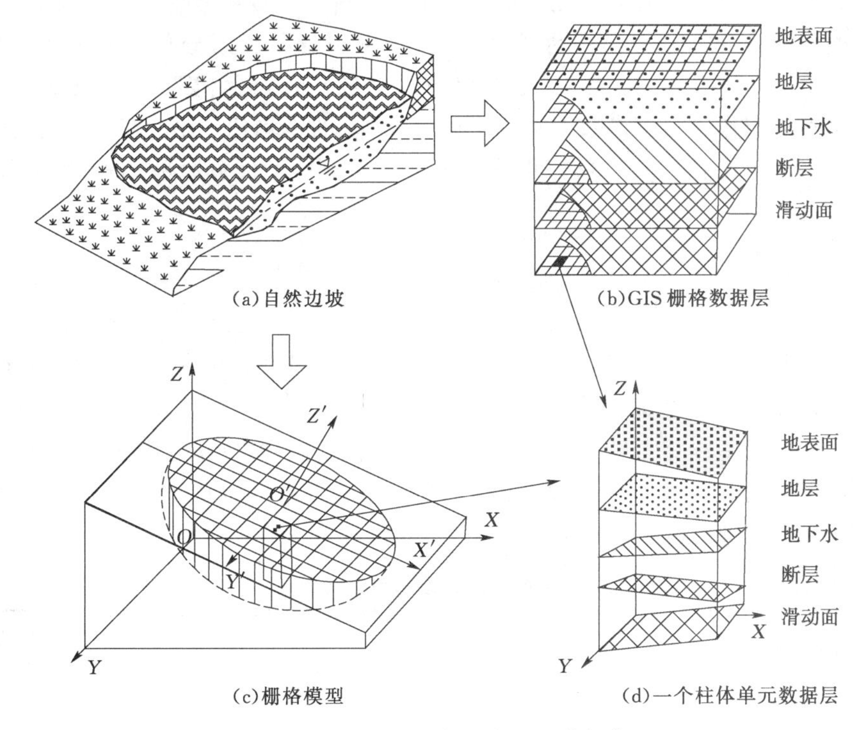

图 2.20　实际边坡与相应 GIS 数据集

边坡极限平衡分析的柱体分析方法中，对条间力的假定可采用多种不同的方法，由此形成了很多模型。本书采用目前较为常用的 Hovland 模型、扩展的 Janbu 模型、扩展的 Bishop 模型以及北京科技大学开发的修正 Hovland 模型进行了计算。

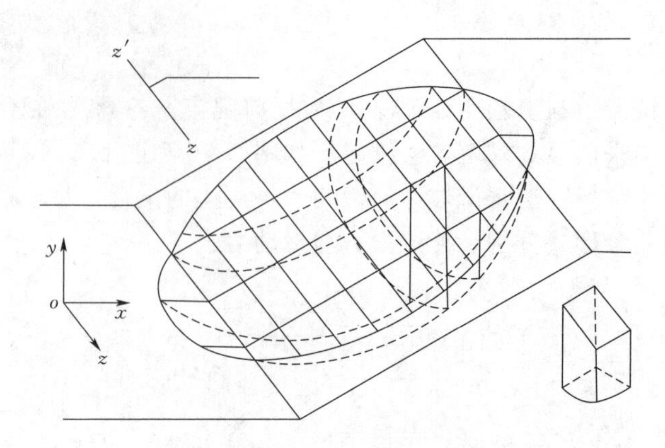

图 2.21 栅格离散化后的滑坡体模型

此外，还对边坡破坏可能性进行了初步分析。在概率计算中考虑两个主要的强度参数 c、ϕ。假定概率函数 $P=f(c,\phi)$ 服从正态分布。正态分布中，$\mu\pm3\sigma$（μ 为均值，σ 为方差）范围内的概率是 99.75%。因此，将 $\mu\pm3\sigma$ 的范围分别近似作为强度参数上限与下限。SF_{3D} 的平均值、最大值、最小值通过 c 和 ϕ 的上限值（$\mu+3\sigma$）和下限值（$\mu-3\sigma$）来计算。破坏概率用下式计算：

$$P(SF_{3D}\leqslant 1)=\int_{-\infty}^{1}\frac{1}{\sqrt{2\pi}\sigma}e^{-\frac{(t-\mu)^2}{2\sigma^2}}\mathrm{d}t \tag{2.3}$$

式中：P 为概率，%；SF_{3D} 为三维安全系数，无量纲；μ 为均值，$\mathrm{N/m^3}$；σ 为偏差，$\mathrm{N/m^3}$；t 为时间，s。

滑移型塌岸计算需要岸坡剖面、岩土体强度力学参数和下伏基岩顶面倾角等参数。根据《岩石力学参数手册》，类比已建工程的经验和楞古水库取值，得到本研究区域的参数，详见表 2.3。

表 2.3　研究区域滑移型塌岸参数表

岸坡成因	岸坡岩石类型	c /($\mathrm{kN/m^2}$)	ϕ /(°)	ρ /($\mathrm{N/m^3}$)	ρ_{sat} /($\mathrm{N/m^3}$)	覆盖层厚度 /m
崩坡积堆积	块碎石土层	1～5	26～30	18～20	18.2～20.2	15～30
滑坡堆积	砂卵砾石层	1～5	26～30	18～20	18.2～20.2	15～30

注　c 为黏聚力，$\mathrm{kN/m^2}$；ϕ 为内摩擦角，(°)；ρ 为容重，$\mathrm{N/m^3}$；ρ_{sat} 为饱和容重，$\mathrm{N/m^3}$。

结合研究区域不良地质现象分布图及研究区域坡度图，可大致确定滑移型塌岸分布范围。滑移型塌岸的成因为滑坡堆积、崩坡积堆积和洪坡积堆积，因此确定研究区域滑移型塌岸模型为“深厚堆积层浅表部滑移”模型，如图

2.22 所示。

2.3.2.3 基于 GIS 的研究区域塌岸分析

1. 研究区域岸坡结构法塌岸宽度分析

根据冲蚀磨蚀型塌岸与坍塌型塌岸预测特征参数取值，结合 GIS 数据库，对研究区域塌岸预测剖面处进行预测计算。基于 GIS 空间数据分析和地处理等功能，利用提取剖面的地形数据进行计算，实现了研究区域冲蚀磨蚀型塌岸和坍塌型塌岸岸坡结构法快速预测，图 2.23 所示为坝址上游 29km 处三维影像图及实际剖面效果，图 2.24 和图 2.25 所示为该处的剖面线图和塌岸预测示意图。通过计算出测点处的塌岸宽度，得出右岸塌岸 95m，左岸塌岸 94m。

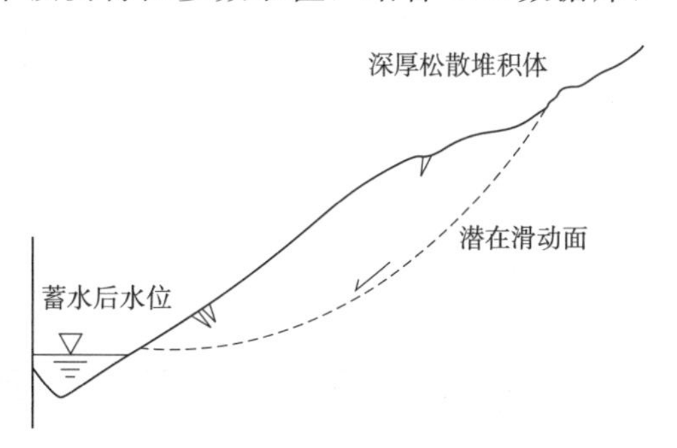

图 2.22 深厚堆积层浅表部滑移

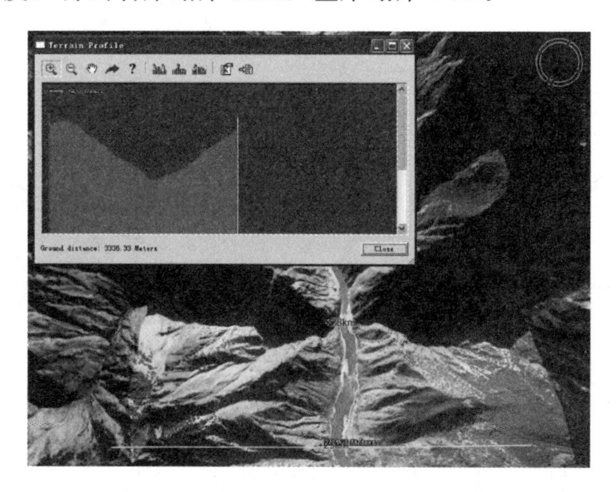

图 2.23 坝址上游 29km 处三维影像图

2. 研究区域滑移型塌岸预测

根据研究区域岸坡工程地质特点，主要对滑坡和堆积较厚的大型堆积体进行滑坡型塌岸分析，应用方法为 3DSlopeGIS。

选取坝址上游 49.6km 左岸牙依河对岸堆积体作为对象，该处三维影像图如图 2.26 和图 2.27 所示。结合影像及有关资料可解译该处为崩坡积堆积，覆盖层参数选取为：天然自重状态下，$c=3\text{kN/m}^2$，$\phi=28°$，天然容重和饱和容重分别为 18N/m^3 和 20N/m^3，覆盖层厚度 20m。图中比河流稍宽的曲线即为设计高水位 2254m 水位线平面图，塌岸宽度可直接在系统中量的结果为 280m。

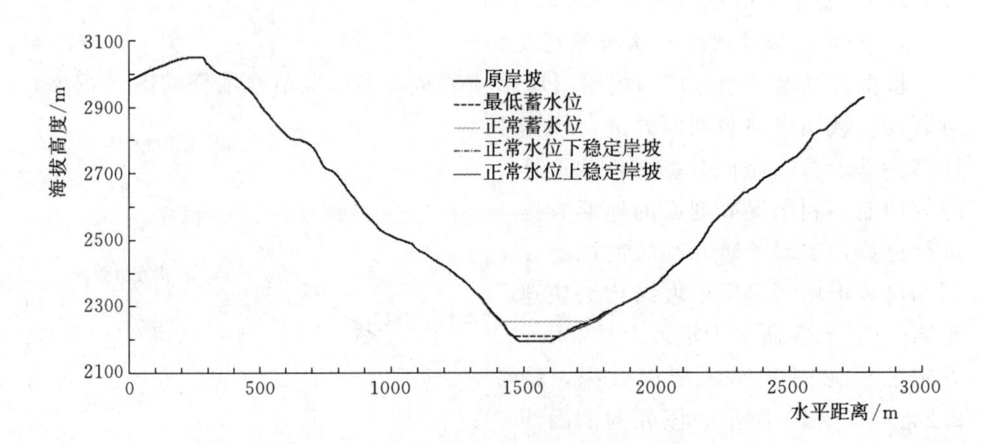

图 2.24　坝址上游 29km 处岸坡剖面线图

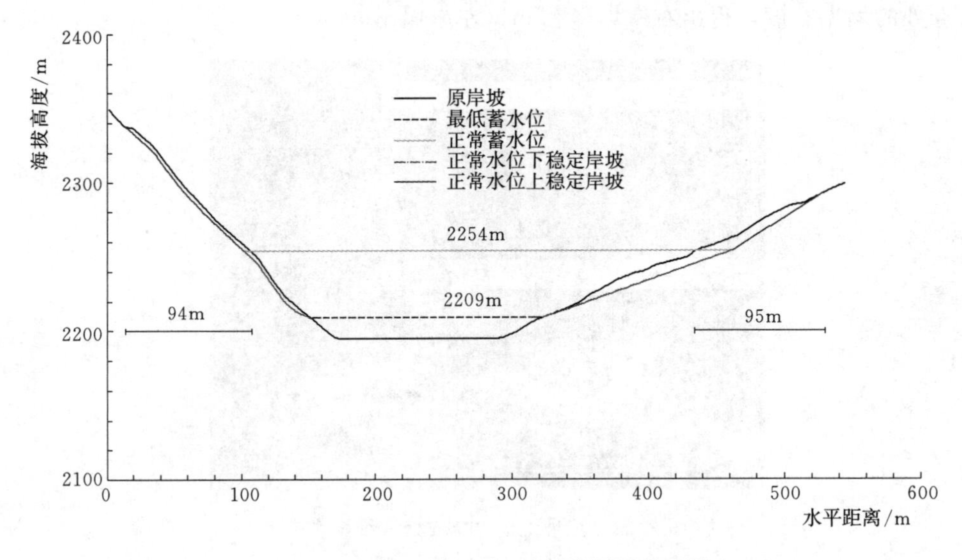

图 2.25　坝址上游 29km 处塌岸预测示意图

3. 研究区域塌岸预测结果

经过计算分析，结合各个塌岸预测处的岸坡形态，去除无效预测数据，最后得到研究区域内塌岸预测汇总表，预测左右岸各 20 处塌岸，冲蚀磨蚀型塌岸 14 处，坍塌型塌岸 18 处，滑移型塌岸共计 8 处，详见表 2.4 和表 2.5。

根据塌岸预测结果对遥感解译初步划分的塌岸范围进行调整，从而确定了塌岸范围，并生成研究区域塌岸预测结果及塌岸范围示意图，按照塌岸各分区显示如图 2.28～图 2.30 所示。

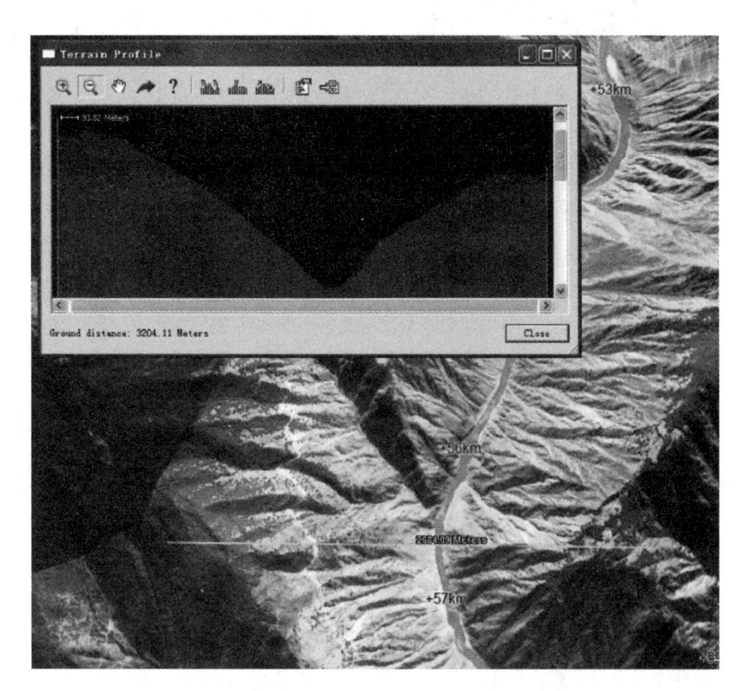

图 2.26　坝址上游 49.6km 处三维影像图

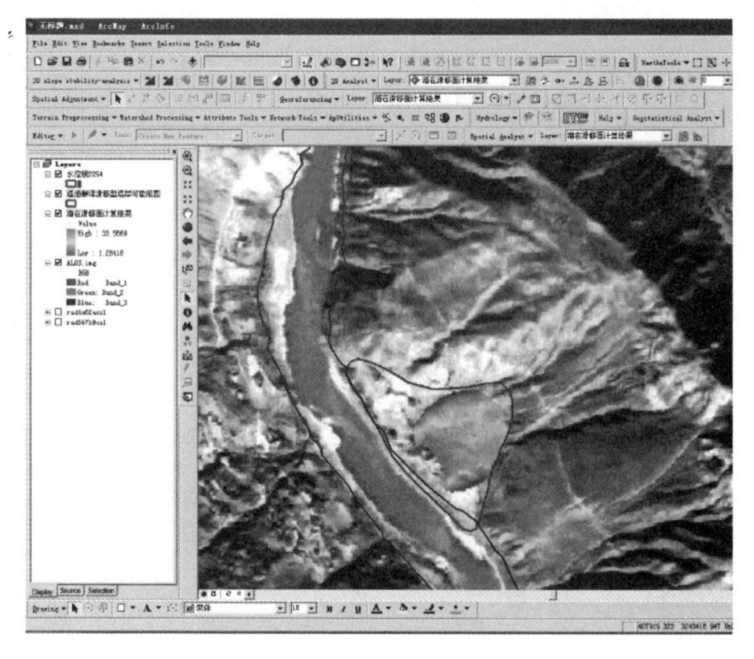

图 2.27　牙依河对岸堆积体库区遥感影像图

表 2.4 研究区域内塌岸预测汇总表（左岸）

编号	里程点 /km	区域划分	成因类别	岩土结构	塌岸模式	宽度 /m	平均厚度 /m	后缘高程 /m	沿河长度 /m	面积 /m^2	估测体积 /m^3	河谷结构类型	备注
1	3	Ⅰ	崩坡积	Ⅱ	坍塌型	28	4.5	2292	86	2797	12586.5	层状纵向峡谷	第四系覆盖层
2	3.8	Ⅰ	崩坡积	Ⅱ	坍塌型	24	4.45	2273	460	14487	64467.15	层状纵向峡谷	第四系覆盖层
3	7	Ⅰ	崩坡积	Ⅱ	坍塌型	36	5.8	2272	185	5251	30455.8	层状纵向峡谷	第四系覆盖层
4	15.7	Ⅰ	崩坡积	$Ⅰ_1$	冲蚀磨蚀型	51	4.7	2293	1010	47783	224580.1	块状V形峡谷	崩塌
5	26.7	Ⅱ	崩坡积	$Ⅰ_1$	滑移型	310	18.66	2542	297	1925	35920.5	层状横向V形峡谷	崩坡积
6	28.6	Ⅱ	崩坡积	$Ⅰ_1$	滑移型	261	15.54	2462	165	41275	641413.5	块状V形峡谷	崩坡积
7	34.2	Ⅲ	崩坡积	$Ⅰ_1$	坍塌型	85	5.2	2338	326	26811	139417.2	层状斜向峡谷	崩坡积、房屋、农田
8	35	Ⅲ	崩坡积	$Ⅰ_1$	冲蚀磨蚀型	71	4.7	2300	474	31547	148270.9	层状斜向峡谷	房屋、农田
9	35.6	Ⅲ	崩坡积	Ⅱ	坍塌型	86	4.2	2331	455	46057	193439.4	层状斜向峡谷	第四系覆盖层
10	36.5	Ⅲ	崩坡积	$Ⅰ_1$	坍塌型	115	4.6	2344	475	53273	245055.8	层状斜向峡谷	崩坡积
11	38.2	Ⅲ	冲洪积	$Ⅰ_3$	冲蚀磨蚀型	139	9.4	2330	1180	128845	1211143	松散、层状混合中宽谷	村庄
12	39.2	Ⅲ	冲洪积	$Ⅰ_3$	冲蚀磨蚀型	66	9.5	2260	317	15598	148181	松散、层状混合中宽谷	村庄
13	40.2	Ⅲ	崩坡积	$Ⅰ_1$	坍塌型	118	17.9	2337	275	29977	536588.3	层状斜向峡谷	崩坡积、村庄
14	40.8	Ⅲ	崩坡积	$Ⅰ_1$	滑移型	203	15.7	2662	460	63850	1002445	层状斜向峡谷	崩坡积
15	48.3	Ⅲ	滑坡堆积	$Ⅰ_4$	滑移型	337	17.02	2526	195	28775	489750.5	层状斜向峡谷	滑坡堆积、村庄
16	49.3	Ⅲ	崩坡积	$Ⅰ_1$	坍塌型	75	3.2	2322	194	14615	46768	松散、层状混合中宽谷	崩塌
17	49.6	Ⅲ	崩坡积	$Ⅰ_1$	滑移型	260	17.91	2346	530	28775	515360.25	松散、层状混合中宽谷	崩坡积、村庄
18	51	Ⅲ	坡洪积	$Ⅰ_2$	冲蚀磨蚀型	51	5.6	2272	312	22819	127786.4	松散、层状混合中宽谷	村庄
19	51.9	Ⅲ	崩坡积	Ⅱ	坍塌型	84	3.7	2321	528	42306	156532.2	层状斜向峡谷	村庄
20	56.5	Ⅲ	滑坡堆积	$Ⅰ_4$	滑移型	209	12.92	2424	185	8475	109497	层状斜向峡谷	滑坡堆积

表 2.5 研究区域内塌岸预测汇总表（右岸）

编号	里程点/km	区域划分	成因类别	岩土结构	塌岸模式	宽度/m	平均厚度/m	后缘高程/m	沿河长度/m	面积/m^2	估测体积/m^3	河谷类型	备注
1	0.6	Ⅰ	冰水堆积	$Ⅰ_5$	坍塌型	46	10.3	2281	375	15891	163677.3	块状V形峡谷	冰水堆积
2	3	Ⅰ	崩坡积	$Ⅰ_1$	冲蚀磨蚀型	45	4.3	2293	340	14191	61021.3	层状纵向峡谷	崩塌
3	3.8	Ⅰ	崩坡积	$Ⅰ_1$	坍塌型	46	4.43	2303	320	13147	58241.21	层状纵向峡谷	崩塌
4	4.6	Ⅰ	崩坡积	Ⅱ	坍塌型	52	3.7	2295	370	16755	61993.5	层状纵向峡谷	第四系覆盖层
5	14.5	Ⅰ	崩坡积	$Ⅰ_1$	坍塌型	31	3.2	2280	256	5690	18208	层状纵向峡谷	农田
6	24.5	Ⅱ	崩坡积	$Ⅰ_1$	冲蚀磨蚀型	44	3	2287	415	16991	50973	层状横向V形峡谷	第四系覆盖层
7	29	Ⅱ	坡洪积	$Ⅰ_2$	冲蚀磨蚀型	95	5.7	2293	228	18026	102748.2	块状V形峡谷	房屋、农田
8	31	Ⅱ	崩坡积	$Ⅰ_1$	滑移型	175	12.42	2375	316	26000	322920	块状V形峡谷	崩塌
9	35	Ⅲ	崩坡积	$Ⅰ_1$	冲蚀磨蚀型	103	6.1	2327	473	46358	282783.8	层状斜向峡谷	崩坡积
10	35.6	Ⅲ	崩坡积	$Ⅰ_1$	冲蚀磨蚀型	62	1.67	2300	813	52877	88304.59	层状斜向峡谷	崩塌
11	36.5	Ⅲ	崩坡积	Ⅱ	坍塌型	106	5.9	2332	283	19708	116277.2	层状斜向峡谷	房屋、农田
12	38.2	Ⅲ	崩坡积	$Ⅰ_1$	冲蚀磨蚀型	132	9.2	2305	784	169963	1563659.6	松散、层状混合中宽谷	崩坡积、村庄
13	40.2	Ⅲ	崩坡积	Ⅱ	坍塌型	47	6.3	2290	708	34612	218055.6	层状斜向峡谷	第四系覆盖层
14	41.5	Ⅲ	崩坡积	$Ⅰ_1$	坍塌型	31	3.5	2285	400	14586	51051	层状斜向峡谷	第四系覆盖层
15	47.5	Ⅲ	坡洪积	$Ⅰ_2$	冲蚀磨蚀型	61	5.7	2275	495	33068	188487.6	层状斜向峡谷	房屋、农田
16	49.6	Ⅲ	崩坡积	$Ⅰ_1$	滑移型	515	15.47	2538	563	88575	1370255.25	松散、层状混合中宽谷	崩坡积、村庄
17	51.2	Ⅲ	崩坡积	$Ⅰ_1$	坍塌型	44	4.7	2287	110	5634	26479.8	层状斜向峡谷	房屋
18	52.4	Ⅲ	崩坡积	$Ⅰ_1$	坍塌型	53	6.9	2289	125	7020	48438	层状斜向峡谷	崩坡积、房屋
19	52.8	Ⅲ	崩坡积	$Ⅰ_1$	冲蚀磨蚀型	161	10.5	2384	218	29655	311377.5	层状斜向峡谷	崩坡积
20	55	Ⅲ	崩坡积	$Ⅰ_1$	冲蚀磨蚀型	53	1.4	2295	542	33177	46447.8	层状斜向峡谷	崩塌

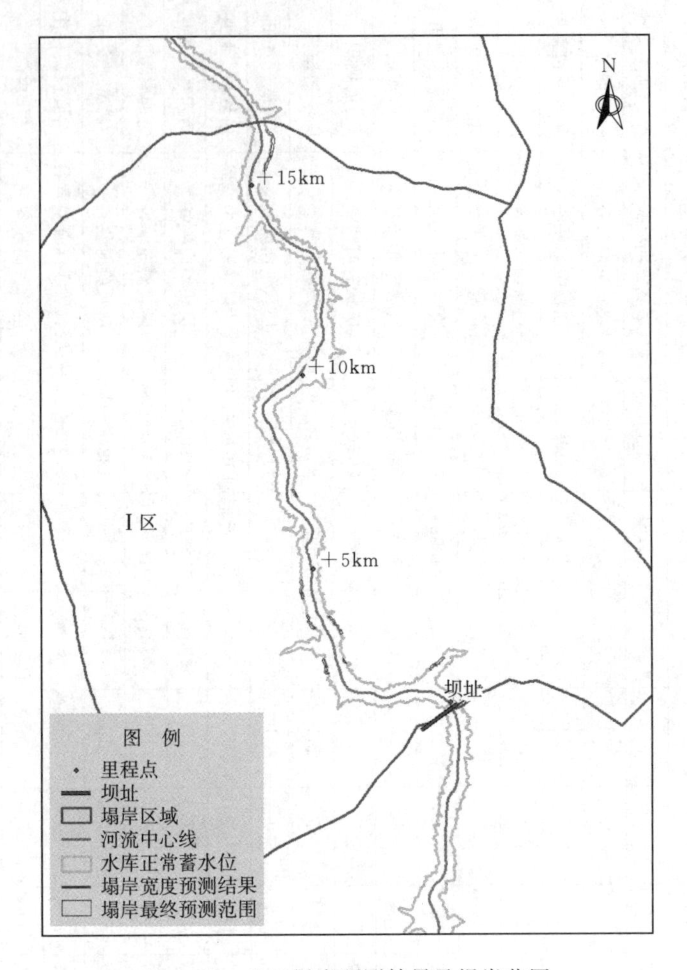

图 2.28　Ⅰ区塌岸预测结果及塌岸范围

2.3.2.4　塌岸灾害评估及工程防治措施建议

1. 研究区域塌岸灾害的含义

地质灾害是指由不良地质作用引发的，危及人身、财产、工程或环境安全的事件。由前文所述可知，塌岸地质灾害是指由塌岸这一不良工程地质作用引发的，危及人身、财产、工程或环境安全的事件。

研究区域人身、财产、工程或环境相对单一，塌岸灾害主要体现在有人类活动的区域，研究区域人类活动区域主要为村庄和农田，而其余人类活动之外的区域塌岸问题不列为塌岸灾害，而归类为普通的工程地质问题，这些问题的主要体现在对库容产生了影响。因此，对研究区域塌岸灾害评价主要为可能在人类活动区域发生的塌岸问题。

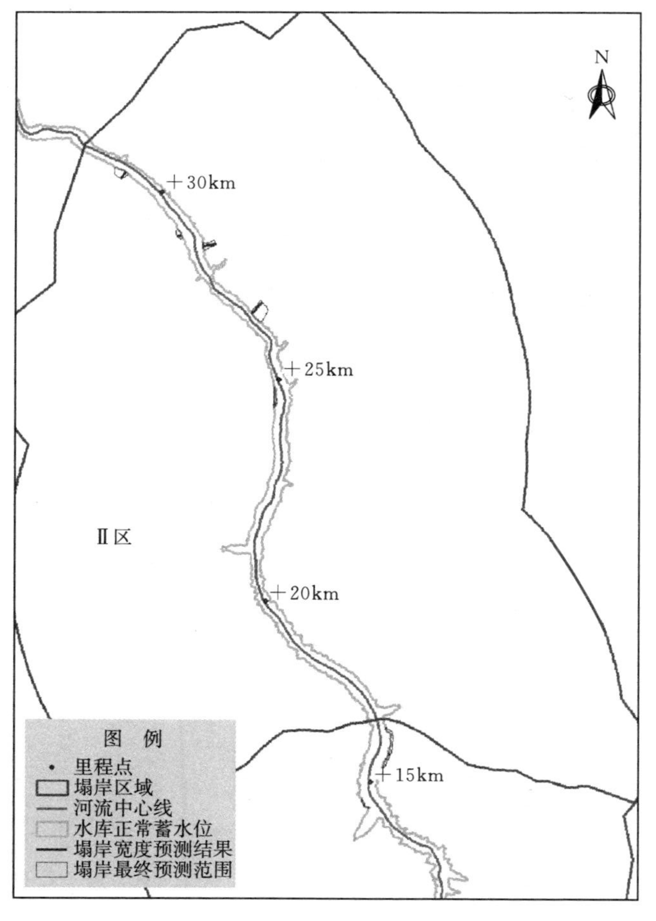

图 2.29 Ⅱ区塌岸预测结果及塌岸范围

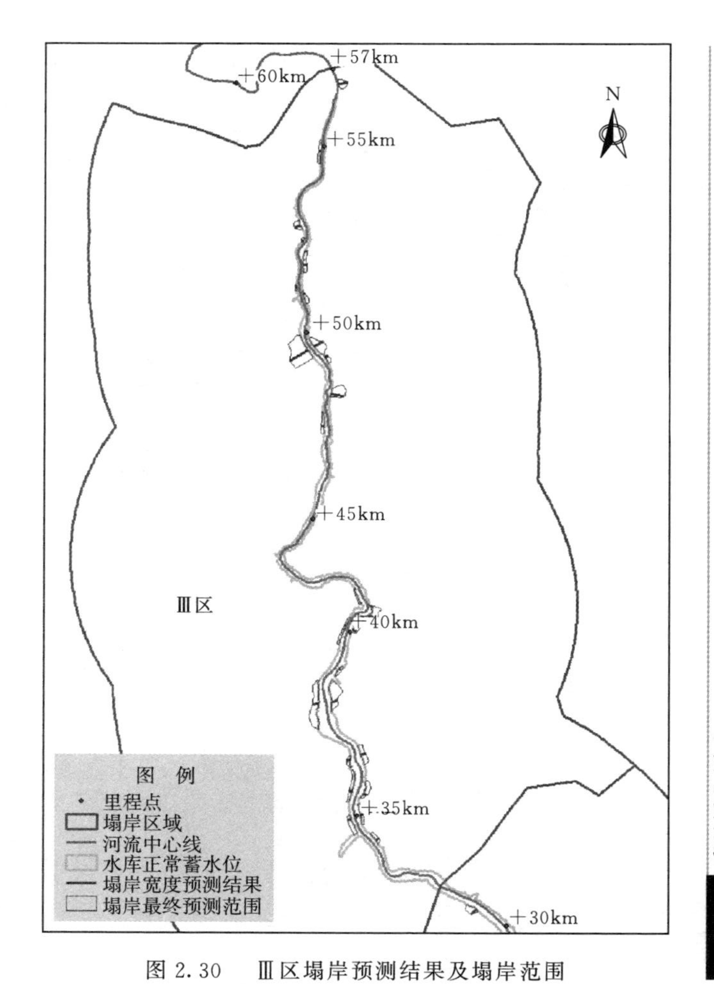

图 2.30 Ⅲ区塌岸预测结果及塌岸范围

2. 研究区域塌岸灾害评估

(1) 研究区域塌岸灾害影响范围。下面将结合第1章得到的研究区域塌岸范围，与遥感解译所得的人类活动区域，即村庄、农田的范围进行叠加，取其中的交集部分，得到塌岸灾害影响范围，从而为下一步各处灾害评估做准备，如图2.31所示。需要说明的是，前面确定的塌岸范围为塌岸问题发展到最终状态达到新的稳定状态时的范围，因此这里的塌岸灾害影响范围即为塌岸问题，最终对人类活动区域的影响范围。

通过叠加分析，得到研究区域内塌岸灾害处共有14处，集中分布在47～53km处和34～41km处共13处，29km处分布1处，如图2.32所示。

根据高清影像对各处所包含的房屋数量和农田面积进行统计，如图2.33所示，图中方框标记处为房屋，曲线中的区域为农田。对整体研究区域进行统计，得到各塌岸灾害处受到的影响情况，见表2.6。

表2.6　研究区域塌岸灾害处影响统计表

序　号	距坝址距离/km	岸别	房屋数量/栋	农田面积/m^2
1	29.0	右	2	12538
2	34.2	左	0	4110
3	35.0	左	9	13812
4	36.5	右	2	602
5	38.2	左	4	90729
6	38.2	右	28	155309
7	39.2	左	0	15482
8	40.2	左	0	7667
9	47.5	右	3	23675
10	49.6	左	5	42626
11	49.6	右	28	248048
12	51.0	左	1	15514
13	51.2	右	1	1133
14	52.4	右	1	2415

(2) 研究区域塌岸灾害影响评估。根据当地实际情况，农田里主要农作物为玉米，当地雨量充沛，估算每亩年产量为400kg，按照市场价2.36元/kg计算；当地居民住家主要以2层房屋的独立小院为主，房屋里1楼饲养牲畜，2楼用来居住，据估算每层为约230m^2，按照每户修建房屋成本4万元计算。这里灾害评估暂只考虑不可移动资产，不考虑电器等可移动资产，对各塌岸灾害处的经济损失进行评估，见表2.7。

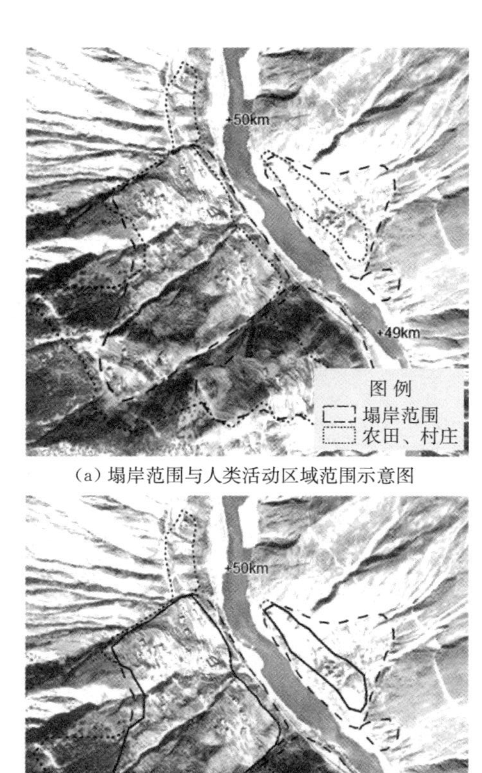

（a）塌岸范围与人类活动区域范围示意图

（b）叠加后得到塌岸灾害范围

图 2.31　塌岸灾害影响范围示意图

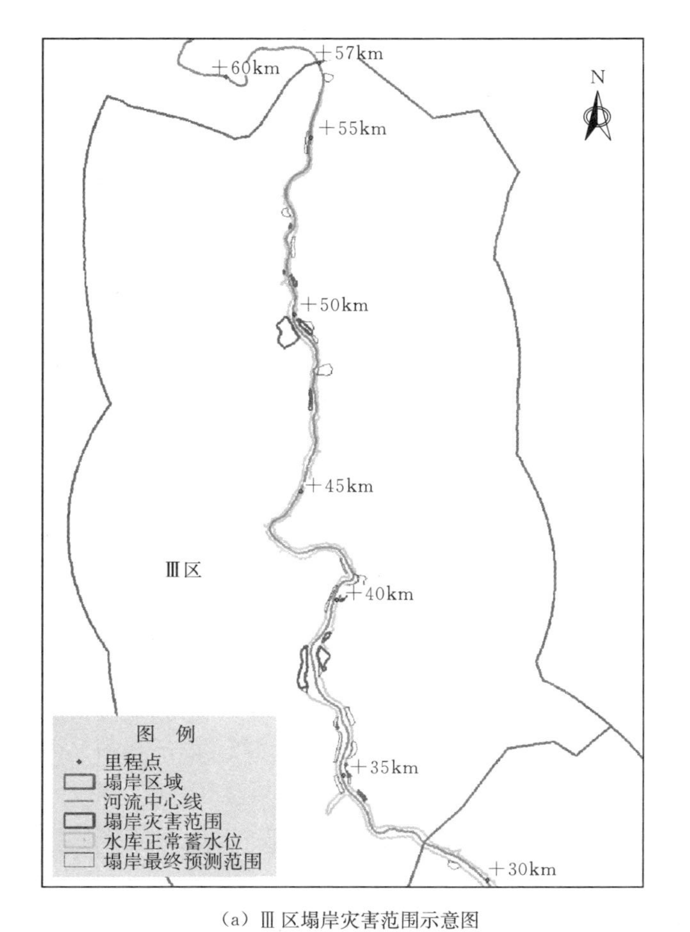

（a）Ⅲ区塌岸灾害范围示意图

图 2.32（一）　研究区域塌岸灾害范围示意图

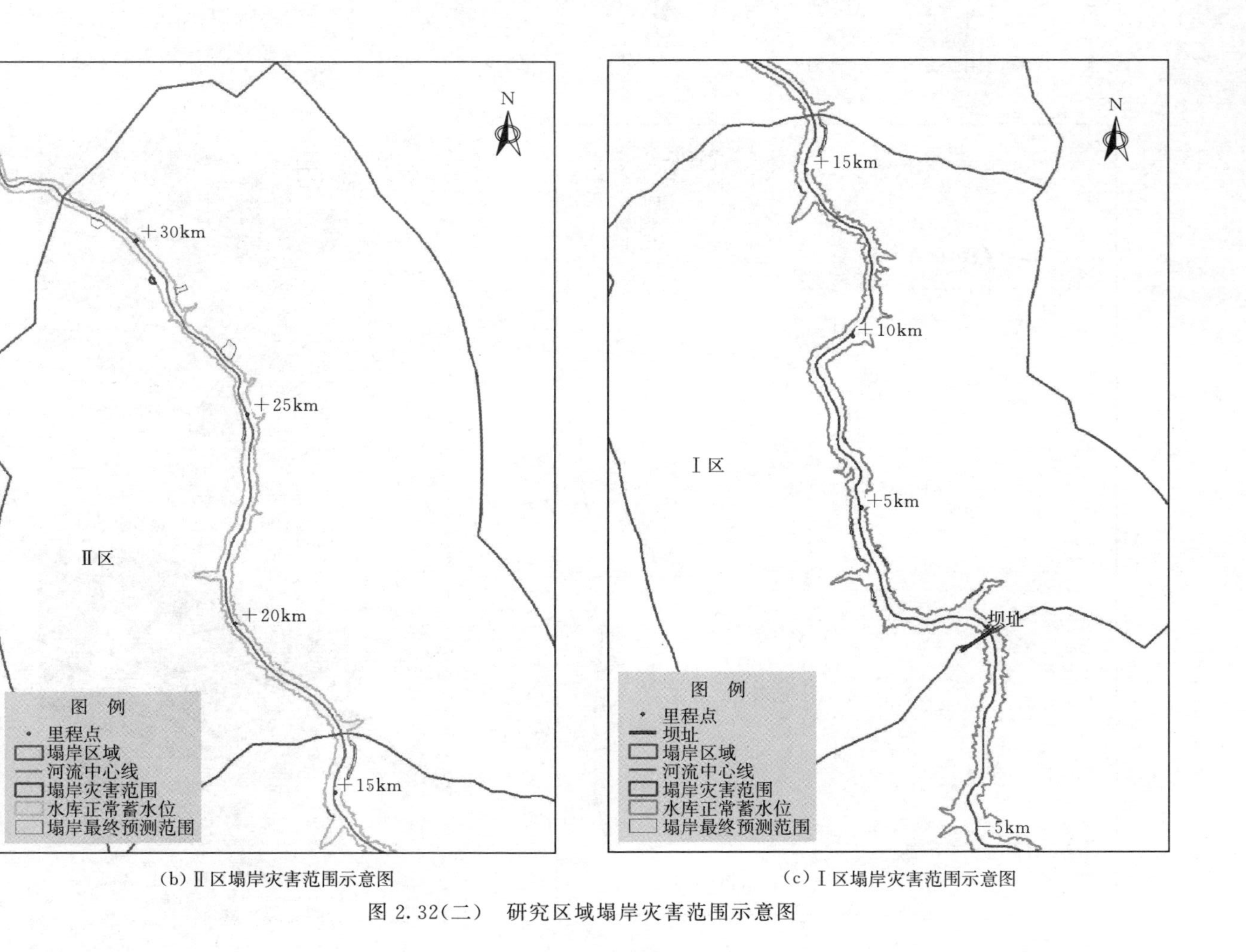

(b) Ⅱ区塌岸灾害范围示意图

(c) Ⅰ区塌岸灾害范围示意图

图 2.32(二) 研究区域塌岸灾害范围示意图

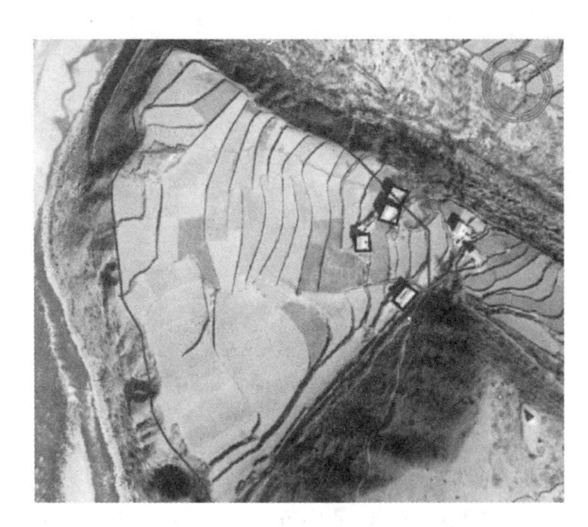

图 2.33 坝址上游 38.2km 处左岸塌岸灾害范围及房屋分布图

表 2.7 研究区域各塌岸灾害处影响评估表

序 号	距坝址距离 /km	岸别	房屋经济损失 /万元	农田经济损失 /万元	该区域总经济损失 /万元
1	29.0	右	8	1.78	9.78
2	34.2	左	0	0.58	0.58
3	35.0	左	36	1.96	37.96
4	36.5	右	8	0.08	8.08
5	38.2	左	16	12.85	28.85
6	38.2	右	112	21.99	133.99
7	39.2	左	0	2.19	2.19
8	40.2	左	0	1.09	1.09
9	47.5	右	12	3.35	15.35
10	49.6	左	20	6.04	26.04
11	49.6	右	112	35.12	147.12
12	51.0	左	4	2.20	6.20
13	51.2	右	4	0.16	4.16
14	52.4	右	4	0.34	4.34

3. 工程防护措施建议

将各灾害处塌岸影响范围总经济损失汇总后生成，由图 2.34 可以清楚地看到各处塌岸灾害造成的经济损失分布情况。通过图 2.34 可以看出研究区域塌岸灾害带来的经济损失较大，应当通过防治措施最大限度地降低因塌岸灾害给当地居民带来的经济损失和不便，尤其是评估经济损失在 20 万元以上的灾害处更应当给予高度重视。

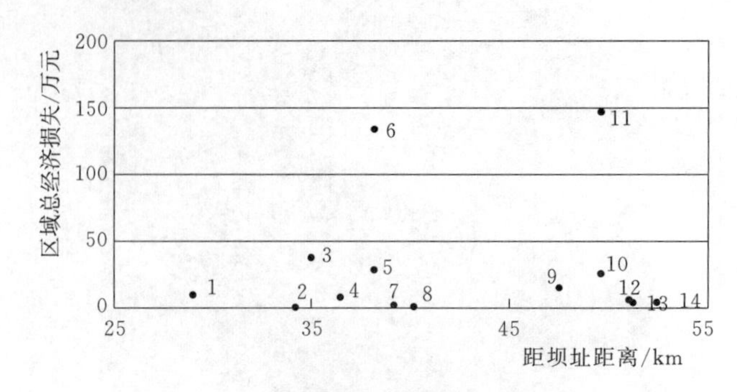

图 2.34　各灾害范围总经济损失汇总图

各区域农田占塌岸灾害的绝大部分面积，因此必须采取措施尽可能地防治塌岸灾害发生，最大限度地保持各处农田、房屋，最大限度地减少塌岸灾害给当地居民带来的经济损失和不便。

结合前文的分析结果，得到各塌岸灾害处的岸坡岩土结构和塌岸模式，见表 2.8。

表 2.8　各塌岸灾害处岸坡岩土结构和塌岸模式

序号	距坝址距离/km	岸别	岩土结构	塌岸模式
1	29.0	右	I_2	冲蚀磨蚀型
2	34.2	左	I_1	坍塌型
3	35.0	左	I_1	冲蚀磨蚀型
4	36.5	右	Ⅱ	坍塌型
5	38.2	左	I_3	冲蚀磨蚀型
6	38.2	右	I_1	冲蚀磨蚀型
7	39.2	左	I_3	冲蚀磨蚀型
8	40.2	左	I_1	坍塌型
9	47.5	右	I_2	冲蚀磨蚀型
10	49.6	左	I_1	滑移型
11	49.6	右	I_1	滑移型
12	51.0	左	I_2	冲蚀磨蚀型
13	51.2	右	I_1	坍塌型
14	52.4	右	I_1	冲蚀磨蚀型

通过分析岸坡岩土结构和塌岸模式，根据常用塌岸防治工程措施，提出研究区域塌岸灾害工程防治措施建议如下：

（1）冲蚀磨蚀型塌岸防治，可以采用水下抛石、干砌脚槽、干砌石（混凝土模块）进行护坡；也可以采用水下抛石、浆砌石（混凝土模块）进行护坡；甚至可采取沉排结构，如混凝土连锁板、格宾网垫（石笼整体沉排）、土工混凝土模块、土工网或土工格栅石笼进行护坡。

（2）土质坍塌型塌岸防治，适宜采用垂直护岸（挡土墙或加筋土挡土墙或石笼护岸）配合坡脚防冲（水下抛石、柴枕柴排、混凝土模块、软体沉排、干砌石、浆砌石）进行护坡；也可以采用垂直护岸、坝式护岸（丁坝、顺坝）、水下抛石进行护坡；或者采用格构、干砌石或浆砌石（混凝土模块）、坡脚防冲进行护坡。

（3）滑移型塌岸防治，可以采用小型抗滑支挡结构、坡式防护、坡脚防冲进行护坡，同时注意排水，抗滑支挡可选择抗滑挡土墙、钢板桩、微型桩等；也可以采用削坡压脚、坡式防护、坡脚防冲，同时注意排水。视塌岸段冲刷情况，适当防冲刷处理。

2.3.3 水库浸没

经初步调查，库区正常蓄水位 2254m 高程附近大部分区域地形陡峻，交通极不便利，仅分布有少量居民聚居地与耕地，水库蓄水后可能存在一定浸没影响问题。基于遥感影像，初步判识出土地与房屋分布区域，并采用图解法初步划定几处可能受浸没影响的区域。

由于前期缺乏进行水库浸没分析所需的潜水埋深等水文地质资料，本书采用较为保守的初判方式，即认为库区正常蓄水位以上 5m 范围内的房屋、田地所在区域为可能浸没区。采用坝前正常水位线 2254m 对库区进行浸没初步分析，判识出可能的水库浸没影响区域 4 处，详见表 2.9 和图 2.35，供进一步浸没分析参考。

分析得出，尽管采用了偏保守的浸没区判定方式，受水库浸没影响的区域仍相当有限。在 2254m 正常蓄水位线以下，仅淹没少量的土地及居住场所，浸没影响范围极少，浸没和淹没问题较轻微。

建议调查库区房屋及土地分布状况，进行浸没高度试验，并在此基础上考虑库区回水影响，对可能的水库浸没影响区域做进一步分析。

表 2.9　　库区主要可能浸没影响区

序号	名　称	干支流	岸别	上游距坝址距离 /km	顺河长度 /m	宽度 /m	面积 /m^2
1	结居浸没影响区	干流	左岸	51	333	107	33280
2	牙依河浸没影响区	干流	右岸	50	794	88	65870
3	尼亚曲浸没影响区	干流	左岸	45.8	461	76	37793
4	姜忠唐浸没影响区	干流	右岸	38	1011	155	121043

图 2.35 浸没影响区分布图

2.3.4 泥石流

2.3.4.1 泥石流计算方法

基于已有调查资料，通过遥感解译以及现场调查，判断出库区主要泥石流32处。其中向沟沟、同雅沟、放马坪、西河以及加囊沟泥石流风险较大，本书对该5处泥石流进行了定量的初步试评价。

传统的泥石流评价方法仅考虑已堆积的泥沙量。事实上，现有的泥石流灾害统计资料表明，泥石流通常与崩塌、滑坡等地质灾害同时发生。因此，应在计算泥石流可能移动的泥沙量时，应考虑可能的地质灾害所产生的堆积体对泥石流的影响。

本书在传统泥石流评价方法基础上，考虑滑坡和崩塌等地质灾害的影响，基于现场调查、地形地质资料、过去发生的泥石流记录等资料，计算泥石流流出泥沙量。根据日本国土交通省国土技术政策综合研究所的经验算法，泥石流流出泥沙量的计算方法从两个方面考虑，一种是流域内可能移动的泥沙的总量；另一种是计划规模的年内超过概率的降雨量所能搬运的泥沙量。理论上计算出的考虑降雨作用搬运的泥沙量应比流域内可能移动的泥沙量小，因此该方法较为保守。

河谷形状不同，泥石流的成因与发展规律也有所不同。通常依据河谷宽度与长度的相对大小将河谷划分为0次谷和1次谷。如图2.36所示，在等高线地形图，当等高线沟谷宽度a大于沟长度b时，该沟谷为0次谷，反之则为1次谷。

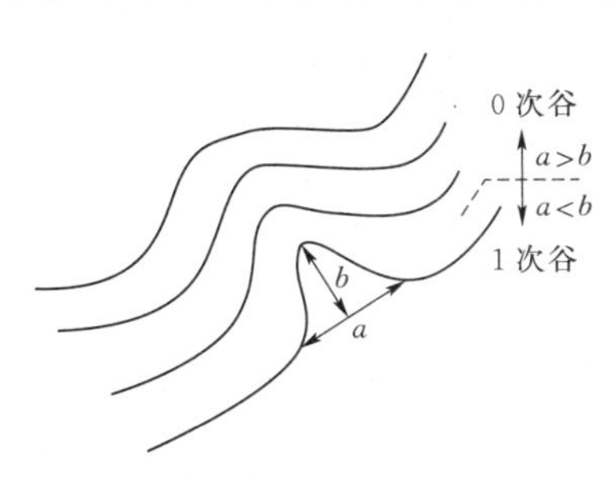

图2.36　0次谷与1次谷划分判据

如前所述，流域内可能移动的泥沙量既包括河床中已堆积的泥沙量，又包括可能崩滑的泥沙量。在不考虑降水的条件下，泥石流沟汇水区内可能移动的全部土石量为

$$V_{dy1}=V_{dy11}+V_{dy12}+V_{dy13} \tag{2.4}$$

式中：V_{dy1}为流域内可能移动的泥沙量，m^3；V_{dy11}为计算基准点或辅助基准点到1次谷最上游端区间内可能移动的河床中已堆积的泥沙量，m^3；V_{dy12}为计算基准点或辅助基准点到0次谷最上游端区间内可能移动的河床中已堆积的泥沙量，m^3；V_{dy13}为崩塌、滑坡可产生的泥沙量，m^3。

1次谷泥沙流出量的计算采用简化方法，将其视为可能移动的河床泥沙堆积量的平均断面积A_{dy11}与计算基准点或辅助基准点到1次谷最上游端区间内沟谷的长度L_{dy11}的乘积：

$$A_{dy11}=A_{dy11}\times L_{dy11} \tag{2.5}$$

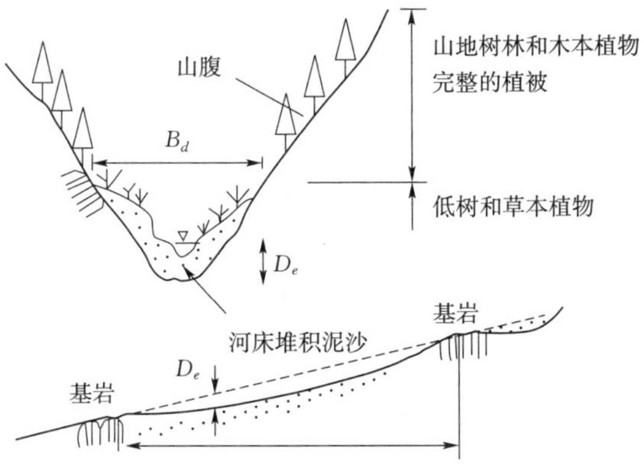

式中，A_{dy11}亦采用简化方法计算：

$$A_{dy11}=B_d\times D_e \tag{2.6}$$

式中：B_d为泥石流发生时预想侵蚀的平均河床宽度，m；D_e为泥石流发生时预想侵蚀的河床堆积泥沙的平均深度，m；B_d、D_e取值根据现场调查附近沟谷发生泥石流时的冲刷状况参考推定，如图2.37所示。

图2.37　侵蚀宽度与侵蚀深度确定方法

图2.38所示为L_{dy11}的取

值示意图。

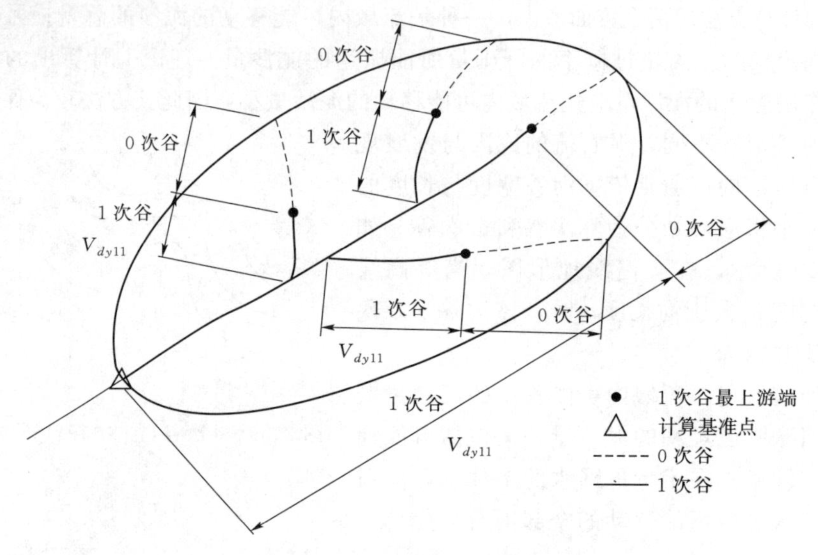

图 2.38 L_{dy11} 取值示意图

0 次谷中可能移动的土石量 V_{dy12} 参考地形地质特征与已存在的崩滑分布情况，根据现有崩滑发生的具体位置、面积、破坏深度等确定，其计算式为

$$V_{dy12}=\sum(A_{dy12}\times L_{dy12}) \tag{2.7}$$

式中：A_{dy12} 为 0 次谷中可能移动的河床上堆积的泥沙量的平均断面积，m^2；L_{dy12} 为 0 次谷的长度，m。

崩塌、滑坡、崩坡等灾害引入的土石量 V_{dy13}，采用式（2.8）计算：

$$V_{dy13}=A\times D\times\phi \tag{2.8}$$

式中：A 为崩塌、滑坡、崩坡等灾害体的面积，m^2；D 为灾害体平均厚度，m；ϕ 为折减系数，一般取 20%。

L_{dy12} 取值如图 2.39 所示。

泥石流通常与强降雨相关。考虑某一降雨量下所能搬运的土石量之前，需要先把计算区域内的泥石流分区，分为沟谷泥石流和坡面泥石流。对于两种泥石流采取不同的方法计算，最后再算出土石量总和，计算公式为

$$V_{dy12}=V_{dy21}+V_{dy22} \tag{2.9}$$

式中：V_{dy21} 为沟谷泥石流流量，m^3；V_{dy22} 为坡面泥石流流量，m^3。

1. 沟谷泥石流流量计算

考虑某一降雨量下所能搬运的土石量主要根据以下公式算出：

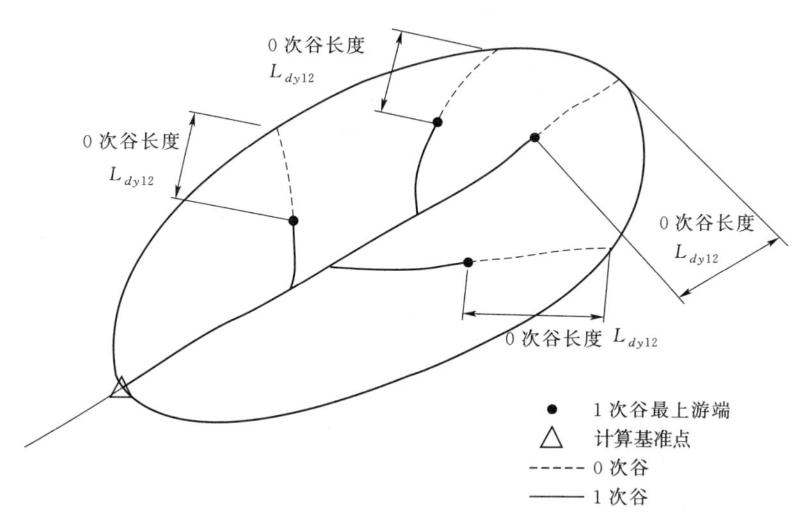

图 2.39 L_{dy12} 取值示意图

$$V_{dy12}=\frac{10^3P_pA}{1-K_v}\left(\frac{C_d}{1-C_d}\right)K_{f2} \tag{2.10}$$

式中：P_p 为计划规模的年内超过概率的降雨量，mm，一般为 24h 降雨量；A 为流域面积，km^2；C_d 为泥沙浓度；K_v 为泥沙孔隙率，一般在 0.4 左右；K_{f2} 为流出补正率，采用式（2.11）计算，并以 0.5 为上限，0.1 为下限，如图 2.40 所示。

$$K_{f2}=0.05(\lg A-2.0)^2+0.05 \tag{2.11}$$

泥沙浓度 C_d 计算式为

$$C_d=\frac{\rho\tan\theta}{(\sigma-\rho)(\tan\varphi-\tan\theta)} \tag{2.12}$$

式中：σ 为砂的密度，一般在 $2600kg/m^3$ 左右，m^3；ρ 为水的密度，一般在 $1200kg/m^3$ 左右，m^3；φ 为河床堆积泥沙的内摩擦角，范围为 30°～40°，一般取 35°，(°)；θ 为河床的倾角，(°)。

通过式（2.12）算出的泥沙浓度 C_d 分别以 0.30 与 $0.9C^*$ 为下限和上限，其中 C^* 是河床堆积泥沙的容积浓度，一般在 0.6 左右。

2. 坡面泥石流流量计算

$$V_{dy22}=(A\times\phi_1\times D)\times\phi_2 \tag{2.13}$$

式中：A 为坡面泥石流区域面积，m^2；D 为坡面泥石流区域评价深度，m；ϕ_1 为面积折减系数，15%～20%；ϕ_2 为体积折减系数，15%～20%。

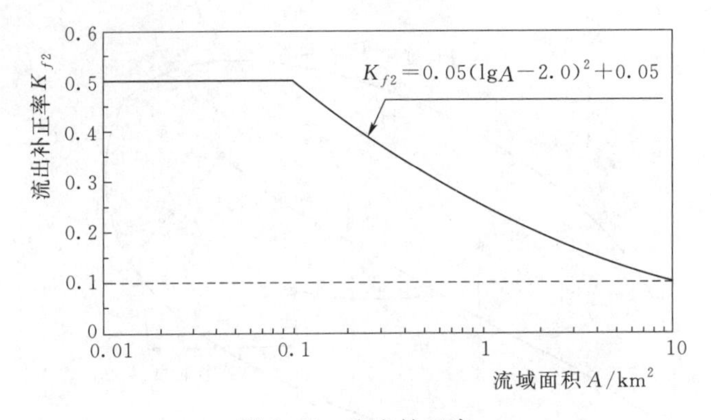

图2.40　流出补正率

2.3.4.2　泥石流计算

1. *向沟沟泥石流*

向沟沟泥石流位于雅砻江上游距坝址51.1km处，河流左岸，汇水区面积很大，山高坡陡，上游植覆盖较好，下游植被稀疏。物质来源主要为沟内的崩积和松散堆积物。沟口堆积区大且厚，沟口东部坐落结居村。向沟沟泥石流沟内主要为直坡，坡面不是很稳定，处于成熟期。向沟沟泥石流会对沟口的结居村产生危害，且沟内的松散堆积物会影响库容。

本书采用前述0次谷与1次谷判据，根据等高线识别并确定河谷类型，并根据影像和现场记录资料划出可能破坏的崩塌、滑坡等灾害体，结果如图2.41所示。

图2.41　向沟沟灾害及河谷类型划分

在不考虑降雨影响下，向沟沟可能发生的泥沙流总量计算结果见表 2.10。

表 2.10　　向沟沟可能发生的泥石流总量计算结果表

项目	泥石流流量/m^3	是否考虑折减（折减系数）	折减后泥石流流量/m^3
0 次谷	1556279.13	否	1556279.13
1 次谷	2238462.24	否	2238462.24
崩坡滑坡破坏	1858665.20	是（20%）	371733.04
合计			4166474.41

注　崩坡滑坡破坏考虑 15%～20%的折减。

考虑降雨影响时，向沟沟地区的降雨量及发生概率为依据当地水文气象资料统计获得，见表 2.11 及图 2.42 所示。在基础上进行统计，对降雨量、发生概率与泥石流流量的关系进行相关分析，其概率分布见表 2.12，积分得年均流出泥沙量。

估算结果表明，考虑降雨影响后，向沟沟年平均流出泥沙量约 2.1 万 m^3，百年流出泥沙总量约 210 万 m^3。向沟沟位于距坝址 51.1km 处，其年均流出泥沙量与总库容相比可忽略不计，百年流出泥沙量占总库容的比例也相对较小。综合考虑，向沟沟沟泥石流规模相对较小，在坝址选择时可不考虑其影响。

表 2.11　　降雨量与发生概率统计

降雨强度	降雨量/mm	平均年日数/d	发生概率/%	累计概率/%
无雨	0	157	43.01	43.01
小雨	<10	135.5	37.12	80.13
中雨	10～24.9	45	12.33	92.46
大雨	25～49.9	18	4.93	97.39
暴雨	50～99.9	7	1.92	99.32
大暴雨	100～200	2	0.54	99.86
特大暴雨	>200	0.3	0.08	99.95
罕见暴雨	≥250	0.2	0.05	100

表 2.12　　向沟沟泥石流流量与发生概率

泥石流流量/m^3	发生概率/%	泥石流流量/m^3	发生概率/%
0	43.01	167336.67	1.92
16733.67	37.12	334673.33	0.54
41834.17	12.33	418341.67	0.08
83668.33	4.93	502010.00	0.05

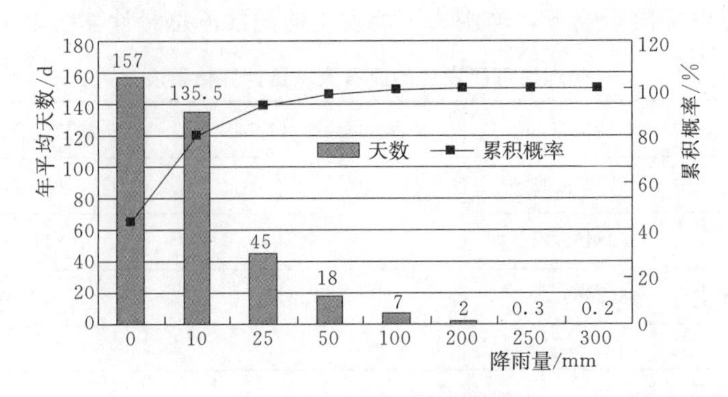

图 2.42 降雨发生概率

2. 同雅沟泥石流

同雅沟泥石流位于雅砻江上游距坝址 38km 处，河流左岸，高程为 2215～4845m；泥石流汇水区较大，汇水区内植被较丰富。物质来源主要为汇水区内坡面松散堆积物。沟口堆积区很庞大，堆积很陈旧，堆积区上坐落着角坝村。同雅沟泥石流主沟下切很深，汇水区内支沟不甚发育，多为凹坡或直坡，处于衰退期。同雅沟泥石流可能会对堆积体上的角坝村及产生影响，并把松散堆积区带入雅砻江中，影响库容。

本报告采用前述 0 次谷与 1 次谷判据，根据等高线确定河谷类型，结果见图 2.43、图 2.44 和表 2.13。

图 2.43 同雅沟泥石流范围

图 2.44 同雅沟泥石流河谷类型划分

表 2.13 同雅沟可能泥石流总量计算

项目	泥石流流量/m^3	是否考虑折减（折减系数）	折减后泥石流流量/m^3
0 次谷	1267744.01	否	1267744.01
1 次谷	2024672.08	否	2024672.08
崩坡滑坡破坏	—	是（20%）	—
合计			3292416.09

根据河谷的冲刷情况、泥石流沟形成情况分区，如图 2.45 所示。根据解译遥感影像及现场记录内容，标记出沟内松散堆积物源区域，如图 2.46 所示，并按照坡面体计算产生土石量，最后与各分区泥石流量一并累加获得泥石流总量，见表 2.14 和表 2.15。

经过计算可得出同雅沟年均流出土石量约为 1.6 万 m^3，百年流出泥沙总量约 160 万 m^3。同雅沟泥石流位于雅砻江上游距坝址 38km 处，其年均流出泥沙量与总库容相比可忽略不计，百年流出泥沙量占总库容的比例也相对较小。综合考虑，同雅沟泥石流规模较小，对坝址选择影响较小。

表 2.14 同雅沟泥石流坡面松散堆积物源产生土石量计算

编号	坡面区域面积/m^2	坡面区域评价深度/m	面积折减系数	体积折减系数	坡面泥石流流量/m^3
1	442167.56	2.3	0.2	0.2	40679.42
2	495809.03	4.5	0.2	0.2	89245.63
合计					129925.05

图 2.45 同雅沟泥石流河谷区域划分

图 2.46 同雅沟泥石流坡面松散堆积物源示意图

表 2.15 降雨与同雅沟泥石流流量发生概率

降雨量/mm	降雨强度	泥石流流量/m^3	发生概率/%
<0	无雨	0	43.01
<10	小雨	26252.70	37.12
10～24.9	中雨	65631.75	12.33
25～49.9	大雨	131263.50	4.93
50～99.9	暴雨	262527.00	1.92
100～200	大暴雨	525054.00	0.54
>200	特大暴雨	656317.50	0.08
≥250	罕见暴雨	787581.01	0.05

除以上两处泥石流外，本书还针对加囊沟泥石流沟、阿姜对岸上游泥石流沟以及西河泥石流沟进行了定量分析，结果见表 2.16～表 2.19。

以上分析成果是对泥石流评价方法的尝试。由于未进行详细的泥石流调查、勘探与试验分析，结果供参考。

表 2.16 加囊沟可能发生的泥石流总量计算结果表

项目	泥石流流量/m^3	是否考虑折减（折减系数）	折减后泥石流流量/m^3
0 次谷	2298649.77	否	2298649.77
1 次谷	5989852.13	否	5989852.13
崩塌滑坡破坏	—	是（20%）	—
合计			8288501.90

表 2.17 阿姜对岸上游可能发生的泥石流总量计算结果表

项目	泥石流流量/m^3	是否考虑折减（折减系数）	折减后泥石流流量/m^3
0 次谷	1304712.62	否	1304712.62
1 次谷	5635200.26	否	5635200.26
崩塌、滑坡破坏	—	是（20%）	—
合计			6939912.88

表 2.18 西河可能发生的泥石流总量计算结果表

项目	泥石流流量/m^3	是否考虑折减（折减系数）	折减后泥石流流量/m^3
0 次谷	1901970.46	否	1901970.46
1 次谷	7388901.68	否	7388901.68
崩塌、滑坡破坏	—	是（20%）	—
合计			9290872.14

表 2.19　加囊沟、阿姜对岸上游及西河泥石流年均流出土石量

泥石流名称	降雨量/mm	谷型泥石流沟土石量/m^3	坡面体产生土石量/m^3
加囊沟泥石流	10	40661.78	—
	25	101654.45	—
	50	203308.90	—
	100	406617.80	—
	200	813235.60	—
	250	1016544.50	—
	年均流出土石量	51272.47	
阿姜对岸上游泥石流	10	32929.04	—
	25	82322.61	—
	50	164645.22	—
	100	329290.43	—
	200	658580.87	—
	250	823226.09	—
	年均流出土石量	41521.88	
西河泥石流	10	40585.95	98719.46
	25	101464.88	98719.46
	50	202929.77	98719.46
	100	405859.53	98719.46
	200	811719.06	98719.46
	250	1014648.83	98719.46
	年均流出土石量	149896.32	

在 24h 降雨量达 250mm 时，向沟沟泥石流为大型泥石流，可能产生的泥石流流量约为 42 万 m^3；同雅沟泥石流为大型泥石流，可能产生的泥石流流量约为 66 万 m^3；加囊沟泥石流为特大型泥石流，可能产生的泥石流流量约为 115 万 m^3；阿姜对岸上游泥石流泥石流为大型泥石流，可能产生的泥石流流量约为 82 万 m^3；西河泥石流为特大型泥石流，可能产生的泥石流流量约为 111 万 m^3。

2.3.5　库岸稳定

根据库区岸坡岩（土）体工程地质性状及组合特征，影响岸坡稳定的因素有地形地貌、构造、岸坡结构、岸坡现有变形、岸坡天然坡度等，结合遥感解译分析成果，将库岸岸坡划分为：稳定岸坡、基本稳定岸坡、潜在不稳定岸坡和不稳定岸坡四种类型，四种类型的岸坡分布如图 2.47 和图 2.48 所示，各库段中库岸稳定性评价影响因素详见表 2.20。

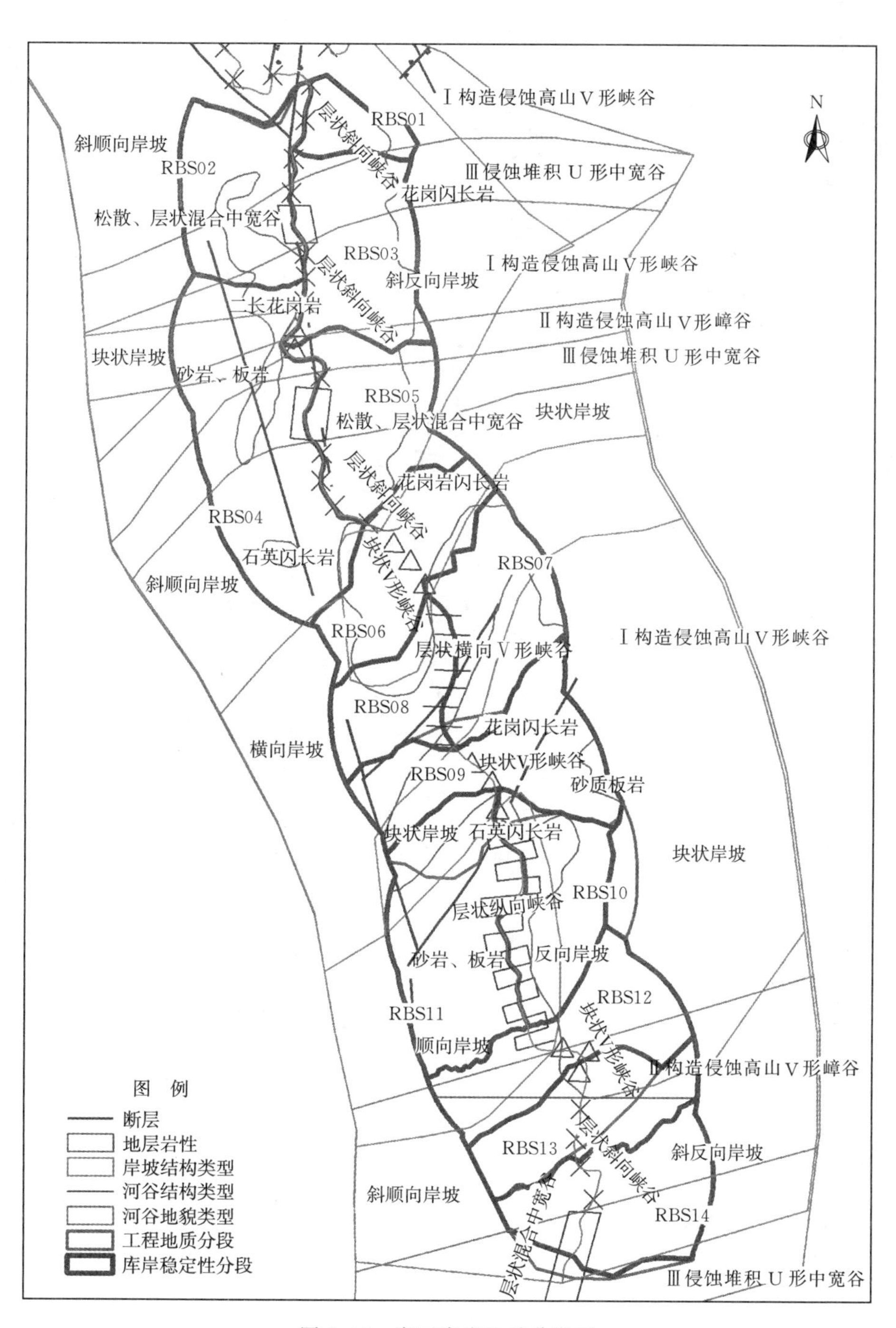

图 2.47 库区库岸边坡分段图

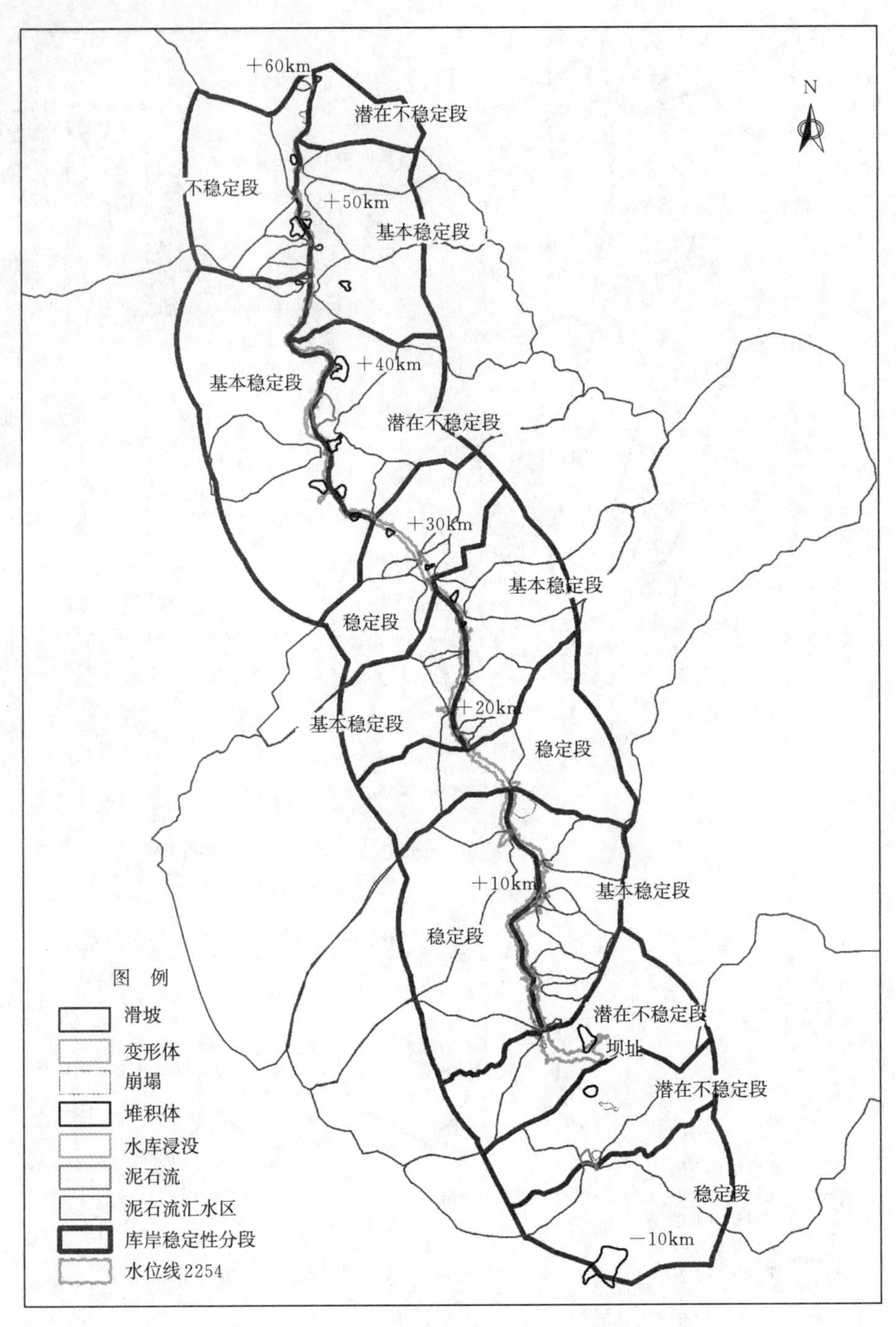

图 2.48 库区库岸稳定性分段图

表 2.20 孟底沟水电站库岸稳定性评价一览表

库段	RBS01 （上游 53.6～57km）	RBS02 （上游 47.2～57km）	RBS03 （上游 44～53.6km）	RBS04 （上游 32～47.2km）
地形地貌	构造侵蚀高山 V 形峡谷；位于左岸，岸坡坡度约 35°；蓄水位抬升：0～5m；在左岸 56.5km 处有较大支沟汇入，河流多次急拐弯，由近 EW 向转为 SN 向，岸坡植被稀疏	49～51km 河段为侵蚀堆积 U 形中宽谷，其余河段为构造侵蚀高山 V 形峡谷；位于右岸，岸坡约为 29°；蓄水位抬升：0～15m；河流呈 SN 向，有 4 条较大支沟汇入，岸坡植被稀疏	49～51km 河段为侵蚀堆积 U 形中宽谷，其余河段为构造侵蚀高山 V 形峡谷；位于左岸，岸坡坡度 32°～44°；蓄水位抬升：5～30m；河流呈 SN 向，有 3 条较大支沟汇入，岸坡植被稀疏	构造侵蚀高山 V 形峡谷；位于右岸，岸坡坡度 29°；蓄水位抬升：15～45m；河流总体呈近 SN 向，中段有 S 形转弯，有 5 条较大支沟汇入，岸坡植被稀疏
地层岩性	深灰色变质砂岩、砂岩与炭质板岩互层	深灰色变质砂岩、砂岩与炭质板岩互层	深灰色变质砂岩、砂岩与炭质板岩互层	深灰色变质砂岩、砂岩与炭质板岩互层
地质构造	无断层通过；河段为斜反向岸坡，层状斜向峡谷	沿河 SN 向断层穿过；斜顺向岸坡；49～50.5km 河段为松散、层状混合中宽谷，其余为层状斜向峡谷	无断层通过；斜顺向岸坡；49～50.5km 河段为松散、层状混合中宽谷，其余为层状斜向峡谷	有近 SN 向断层穿过；斜顺向岸坡；43～46km 河段为块状 V 形峡谷，37～40km 河段为松散、层状混合中宽谷，其余为层状斜向峡谷
岸坡结构类型	斜反向岸坡，层状斜向峡谷	斜顺向岸坡为主，层状斜向峡谷	斜反向岸坡，49～50.5km 河段为松散、层状混合中宽谷，其余为层状斜向峡谷	斜顺向岸坡为主，其中 43～46km 处为块状岸坡
不良地质现象	河流左岸 56.5km 处发育有厂房沟右岸滑坡	发育有厂房沟对岸泥石流、磨子沟泥石流、牙依河泥石流、大下顶对岸泥石流、厂房沟对岸下游崩塌和牙依河堆积体、磨子沟下游堆积体、鱼儿顶对岸堆积体	发育有大下顶滑坡；牙依河对岸堆积体、冷子沟堆积体；鱼儿顶泥石流、向沟沟泥石流、冷子沟泥石流和牙依河对岸变形体	发育有铁尼滑坡；布林永堆积体、决尼对岸堆积体；姜忠塘下游泥石流，冷子沟对岸泥石流
库岸稳定性评价	潜在不稳定段，不良地质体比较发育，沿河有一处滑坡并有多处小崩塌发育，蓄水后可能会进一步发展	不稳定段，有断层通过，不良地质现象发育；崩坡积堆积物多，蓄水后可能会产生塌岸；沿河局部小崩塌蓄水后可能会进一步发展	基本稳定段，不良地质现象发育，但现状比较稳定；崩坡积堆积物多，蓄水后可能会产生塌岸，沿河小崩塌蓄水后可能会进一步发展	基本稳定段，不良地质现象不甚发育；崩坡积堆积物多，蓄水后可能会产生塌岸；沿河局部小崩塌蓄水后可能会进一步发展

续表

库段	RBS05（上游 32～44km）	RBS06（上游 27.5～32km）	RBS07（上游 19～27.5km）	RBS08（上游 19～27.5km）
地形地貌	41～44km 河段为构造侵蚀高山 V 形嶂谷，37～41km 河段为侵蚀堆积 U 形中宽谷，其余为构造侵蚀高山 V 形峡谷；位于左岸，岸坡坡度为 30°～50°；蓄水位抬升：30～45m；河流由近 EW 向转为 SN 向，有 2 条较大支沟汇入，岸坡植被稀疏	构造侵蚀高山 V 形峡谷；位于两岸，岸坡坡度为 36°～40°；蓄水位抬升：45～65m；河流整体近 NW 向，有 4 条较大支沟汇入，岸坡植被稀疏	构造侵蚀高山 V 形峡谷；位于左岸，岸坡坡度为 36°～50°；蓄水位抬升：65～85m；河流整体近 SN 向，有 4 条较大支沟汇入，岸坡植被稀疏	构造侵蚀高山 V 形峡谷；位于右岸，岸坡坡度为 36°～50°；蓄水位抬升：65～85m；河流整体近 SN 向，有 2 条较大支沟汇入，岸坡植被稀疏
地层岩性	深灰色变质砂岩、砂岩与炭质板岩互层	花岗伟晶岩脉	深灰色变质砂岩、砂岩与炭质板岩互层	深灰色变质砂岩、砂岩与炭质板岩互层
地质构造	有近 SN 向断层穿过；斜反向岸坡；42～44km 河段为块状 V 形峡谷，37～40km 河段为松散、层状混合中宽谷，其余为层状斜向峡谷	无断层通过；块状岸坡，块状 V 形峡谷	23km 处有 NE 向断层穿过；横向岸坡，层状横向 V 形峡谷	23km 处有 NE 向断层穿过；横向岸坡，层状横向 V 形峡谷
岸坡结构类型	其中 32～44km 为斜反向岸坡	块状岸坡	为横向岸坡	为横向岸坡
不良地质现象	发育有西扎拉对岸下游堆积体、水塘子堆积体、布林永对岸堆积体以及同雅沟泥石流、布林永对岸泥石流	发育有决尼下游堆积体、决尼对岸下游堆积体；布林永下游泥石流、布林永对岸下游泥石流、决尼下游泥石流、决尼对岸下游泥石流	发育有阿姜上游堆积体、阿姜对岸上游堆积体；以及阿姜对岸上游泥石流、阿姜对岸泥石流、大空上游泥石流、大空对岸泥石流	发育有阿姜上游泥石流、阿姜泥石流
库岸稳定性评价	潜在不稳定段，有断层通过，不良地质现象很发育；崩坡积堆积物多，且规模较大，蓄水后可能会产生塌岸；沿河小崩塌蓄水后可能会进一步发展	稳定段，不良地质现象不甚发育；沿河多处发育有小崩塌，蓄水后可能会进一步发展	基本稳定段，有断层通过，不良地质现象比较发育；沿河多处发育有小崩塌，蓄水后可能会进一步发展	基本稳定段，有断层通过，不良地质现象比较发育；沿河多处发育有小崩塌，蓄水后可能会进一步发展

续表

库段	RBS09 （上游 16.5～19km）	RBS10 （上游 3.5～16.5km）	RBS11 （上游 3.5～16.5km）
地形地貌	构造侵蚀高山 V 形峡谷；位于两岸，岸坡坡度为 36°～50°；蓄水位抬升：85～100m；河流整体近 NW 向，有 1 条较大支沟汇入，岸坡植被稀疏	构造侵蚀高山 V 形峡谷；位于左岸，岸坡坡度为 36°～50°；蓄水位抬升：100～110m；河流整体近 SN 向，有 6 条较大支沟汇入，岸坡植被稀疏	构造侵蚀高山 V 形峡谷；位于右岸，岸坡坡度为 36°～50°；蓄水位抬升：100～110m；河流整体近 SN 向，有 3 条较大支沟汇入，岸坡植被稀疏
地层岩性	为花岗闪长岩	沿河约 1km 范围为深灰色变质砂岩、砂岩与炭质板岩互层；外围为花岗闪长岩	为深灰色变质砂岩、砂岩与炭质板岩互层
地质构造	无断层通过；河段为块状岸坡，为块状 V 形峡谷	14.5km 处有 NE 向断层穿过；为反向岸坡，层状纵向峡谷	14.5km 处有 NE 向断层穿过；为顺向岸坡，层状纵向峡谷
岸坡结构类型	为块状岸坡	为反向岸坡	为纵向岸坡
不良地质现象	发育有放马坪沟泥石流	发育有大型崩塌，放马坪沟下游崩塌，孜呷上游泥石流、孜呷泥石流、孜呷下游泥石流、西河对岸下游泥石流、加囊沟对岸上游泥石流、加囊沟对岸泥石流	发育有加囊沟崩塌；加囊沟泥石流，西河泥石流
库岸稳定性评价	稳定段，不良地质现象不甚发育；山体破碎，沿河崩塌蓄水后可能会进一步发展	基本稳定段，有断层通过，不良地质现象较发育；山体破碎，沿河崩塌蓄水后可能会进一步发展	稳定段，有断层通过，不良地质现象较发育；沿河多处发育有小崩塌，蓄水后可能会进一步发展

续表

库段	RBS12 （上游 3.5km～坝址）	RBS13 （坝址～下游 4.8km）	RBS14 （下游 4.8～10km）
地形地貌	河段为构造侵蚀高山 V 形嶂谷；位于两岸，岸坡坡度为 37°～60°；蓄水位抬升：110～170m；河流近 EW 向，有 2 条较大支沟汇入，岸坡植被稀疏	河段为构造侵蚀高山 V 形嶂谷；位于两岸，岸坡坡度为 27°～50°；蓄水位抬升：0m；河流整体近 SN 向，有 1 条较大支沟汇入，岸坡植被稀疏	下游 4.8～8km 河段为构造侵蚀高山 V 形嶂谷，下游 8～10km 河段为侵蚀堆积 U 形中宽谷；位于两岸，岸坡坡度为 27°～50°；蓄水位抬升：0m；下游 5～6km 河段河流近 EW 向，其余为 SN 向，有 1 条较大支沟汇入，岸坡植被稀疏
地层岩性	坝址附近为花岗闪长岩；其余大部分为深灰色变质砂岩、砂岩与炭质板岩互层	坝址附近为花岗闪长岩；其余大部分为深灰色变质砂岩、砂岩与炭质板岩互层	深灰色变质砂岩、砂岩与炭质板岩互层
地质构造	无断层通过； 坝址附近左岸为块状岸坡，右岸为斜顺向岸坡，其余左岸反向岸坡，右岸为顺向岸坡；坝址附近河段为块状 V 形峡谷，其余为层状纵向谷	无断层通过； 坝址附近左岸为块状岸坡，其余左岸斜顺向岸坡，右岸为为斜顺向岸坡；坝址附近河段为块状 V 形峡谷，其余为层状斜向谷	无断层通过； 左岸斜反向岸坡，右岸斜顺向岸坡；下游 4.8～8km 河段为层状斜向峡谷；下游 8～10km 河段为松散、层状混合中宽谷
岸坡结构类型	坝址附近左岸为块状岸坡；坝址附近河段为块状 V 形峡谷，其余为层状纵向谷	坝址附近左岸为块状岸坡；坝址附近河段为块状 V 形峡谷，其余为层状斜向谷	为层状斜向谷
不良地质现象	发育有孟底沟堆积体；加囊沟下游崩塌	发育有孟底沟下游崩塌、张牙沟崩塌；坝址下游堆积体；呷尔泥石流	发育有八窝龙乡堆积体；张牙沟泥石流
库岸稳定性评价	潜在不稳定段，不良地质现象不甚发育；孟底沟支流沟口右岸发育有堆积体，离坝址比较近，对近坝库岸有一定影响	潜在不稳定段，不良地质现象不甚发育；干流右岸有堆积体，离坝址比较近，对近坝库岸有一定影响	稳定段，不良地质现象不甚发育；局部发育有崩塌，且位于坝址下游，对库岸稳定性影响不大

综合来看，库区岸坡稳定性问题较为突出，在自楞古库首木拖而下至八窝龙乡共 81km 的河段中，12 个库段均不同程度的发育有崩塌、滑坡以及泥石流等不良地质现象，其中 4 处岸坡为不稳定段，发育有规模较大的不良地质现象。从不稳定段分布来看，坝址上游库区右岸岸坡稳定性较好，多为稳定段或基本稳定段；坝址上游库区左岸岸坡稳定性较差，多为不稳定段；在坝址附近及下游岸坡稳定性较好，多为稳定段或基本稳定段。

库区岸坡稳定性分段评价方法为专家根据地层岩性、地质构造、不良地质现象和岸坡结构等的定性分析作出的经验性判断，具有一定的主观性和经验性；本研究另外选用一种定量的分析方法——基于边坡单元的库岸稳定性层次分析法，该方法综合考虑各种地形地貌、地质构造、不良地质现象发育情况和岸坡结构等因素的影响，得到更为量化的结果，与上述结论作对比，为预可研阶段库区稳定性分段提供参考。

本书通过收集多方资料，分析影响库岸稳定性的因素，以边坡单元作为基础，分析计算其三维安全系数；利用层次分析法分析各因子对库岸稳定的影响，把定性的因素定量化，以之对边坡单元的三维安全系数进行修正，建立基于边坡单元的定量三维稳定性指标与定性指标相结合的库岸稳定性层次分析评价方法。

边坡单元为一块与邻近区域具有明显不同地形特征的区域，而地形的形成本身反映了地质条件及水文地质条件的长期作用效果，因此，可针对每一个边坡单元分析其稳定性，再把一个库岸段的边坡单元稳定性综合分析，评价库岸段的稳定性情况，具体技术路线如图 2.49 所示。

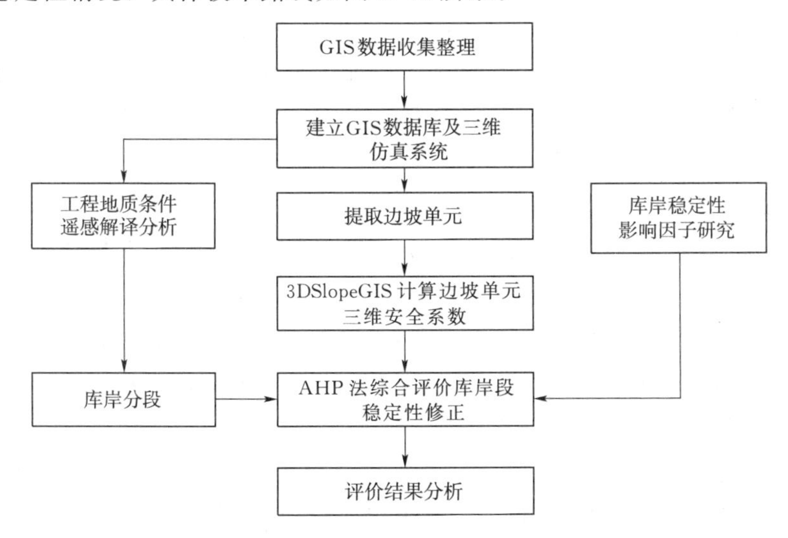

图 2.49 库岸段稳定性评价技术路线图

边坡单元为一块与邻近区域具有明显不同地形特征的区域，而地形的形成本身反映了地质条件及水文地质条件的长期作用效果，故采用基于边坡单元的方法，利用常用的边坡稳定性分析方法对库岸稳定性进行计算分析具可行性。本书采用基于 GIS 的 3DSlopeGIS 模块计算边坡单元的三维安全系数，以其作为库岸稳定性评价的基本指标，并参照边坡单元实际的地形地貌、岩性构造、不良地质现象发育情况等因素予以修正。

边坡的稳定性受诸多因素的影响，如地形地貌（包括坡度坡向、岩体完整度、蓄水位等）、岩性构造（岩性、河谷结构、河谷类型、岸坡结构、断层等）和不良地质现象（滑坡、崩塌、堆积体、泥石流等）的影响。对于这些影响因素，通过层次分析法分析其对稳定性的影响程度，结合三维安全系数评价其综合稳定性，建立的边坡单元稳定性综合评估指标见式（2.14），其修正系数见表 2.21（由于在计算边坡单元的三维安全系数时已考虑坡度、坡向等因素，故在地形地貌项中不再考虑）。

$$I_{SU}=SF_{3D}+RII \tag{2.14}$$

式中：I_{SU} 为边坡单元稳定性指数，无量纲；SF_{3D} 为边坡单元三维安全系数，无量纲；RII 为边坡单元稳定性修正指数，无量纲。

依据边坡单元稳定性综合评估指标修正系数及其权重，边坡单元稳定性修正指数指标层各项目取值，得到边坡单元稳定性修正指数 RII，对库岸段的边坡单元的稳定指标进行面积加权平均，将得到的结果作为库段的稳定性指标，如图 2.50 所示。

通过解译分析及部分现场考察，目前库区分布 17 处较大规模的堆积体，下面选取会对水库蓄水产生重大影响的 6 处进行稳定性评价及危险性分析。

1. 鱼儿项对岸堆积体稳定性分析

参考楞古报告所取参数及成都勘测设计研究院（以下简称“成勘院”）提供的相关资料，在稳定性分析中各参数为：$c=0\sim5\text{kN/m}^2$，$\varphi=35°\sim40°$；天然和饱和容重分别为 24.5N/m^3 和 25.5N/m^3；地震烈度为Ⅶ～Ⅷ度。此参数的取值虽有一定的可靠性，但仍有待于现场及土工试验的进一步确定。

在此堆积体覆盖层取 $c=2.5\text{kN/m}^2$，$\varphi=37.5°$，由于堆积体的前缘高程为 2310m，水库的最高库水位为 2254m，所以在稳定性分析过程中不考虑水库蓄水对堆积体造成的影响，计算得到的安全系数见表 2.21。

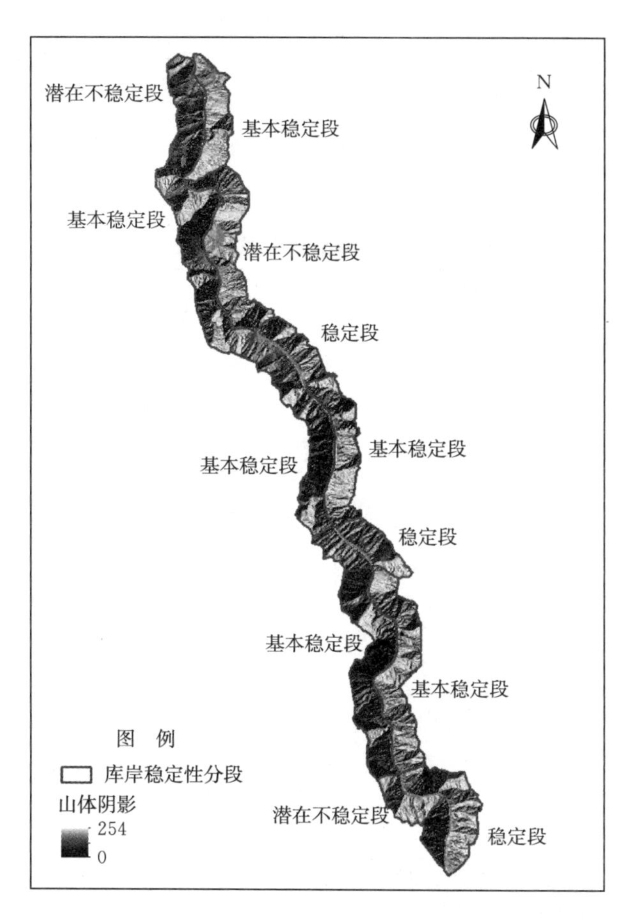

图 2.50 孟底沟库区库岸稳定性定量评价

表 2.21 鱼儿顶对岸堆积体三维安全系数表

工 况	Hovland 三维模型	扩展的 Bishop 三维模型	扩展的 Janbu 三维模型	修正的 Hovland 三维模型
基本组合Ⅰ	1.297	1.367	1.327	1.337
特殊组合Ⅰ	1.044	—	1.071	1.08
特殊组合Ⅱ	0.915	—	0.943	0.96

注 基本组合Ⅰ：天然状态下，即自重。

特殊组合Ⅰ：在基本组合Ⅰ的基础上考虑Ⅶ度地震烈度情况，地震加速度 0.1g，即自重＋地震（Ⅶ度）。

特殊组合Ⅱ：在基本组合Ⅰ的基础上考虑Ⅷ度地震烈度情况，地震加速度 0.165g，即自重＋地震（Ⅷ度）。

堆积体抗剪强度参数取值范围为 $c=0\sim5\mathrm{kN/m^2}$，$\varphi=35°\sim40°$，基于其正态分布的假设，在其两种组合下：堆积体 $c=0\mathrm{kN/m^2}$，$\varphi=35°$和 $c=5\mathrm{kN/m^2}$，$\varphi=40°$，根据所述的安全系数的计算方法，可以得出不同工况下的三维安全系数的最大（$MaxSF_{3D}$）值和最小（$MinSF_{3D}$）值，计算结果见表 2.22。根据破坏概率的计算原理，得到堆积体的破坏概率见表 2.23。

表 2.22　　鱼儿顶对岸堆积体三维安全系数最大值和最小值

工　况	计算模型	$MinSF_{3D}$	$MaxSF_{3D}$
基本组合Ⅰ	Hovland3D	1.169	1.432
	扩展的 Bishop3D	1.233	1.508
	扩展的 Janbu3D	1.197	1.465
	修正 Hovland3D	1.206	1.477
特殊组合Ⅰ	Hovland3D	0.94	1.153
	扩展的 Bishop3D	—	—
	扩展的 Janbu3D	0.967	1.184
	修正 Hovland3D	0.974	1.193
特殊组合Ⅱ	Hovland3D	0.824	1.011
	扩展的 Bishop3D	—	—
	扩展的 Janbu3D	0.850	1.042
	修正 Hovland3D	0.866	1.060

注　基本组合Ⅰ：天然状态下，即自重。

特殊组合Ⅰ：在基本组合Ⅰ的基础上考虑Ⅶ度地震烈度情况，地震加速度 $0.1g$，即自重＋地震（Ⅶ度）。

特殊组合Ⅱ：在基本组合Ⅰ的基础上考虑Ⅷ度地震烈度情况，地震加速度 $0.165g$，即自重＋地震（Ⅷ度）。

表 2.23　　鱼儿顶对岸堆积体破坏概率

工　况	计算模型	$MinSF_{3D}$	$MaxSF_{3D}$	平均值	均方差	破坏概率 P/%
基本组合Ⅰ	Hovland3D	1.169	1.432	1.3005	0.0438333	0
	扩展的 Bishop3D	1.233	1.508	1.3705	0.0458333	0
	扩展的 Janbu3D	1.197	1.465	1.331	0.0446667	0
	修正 Hovland3D	1.206	1.477	1.3415	0.0451667	0
特殊组合Ⅰ	Hovland3D	0.940	1.153	1.0465	0.0355	9.51
	扩展的 Janbu3D	0.967	1.184	1.0755	0.0361667	1.83
	修正 Hovland3D	0.974	1.193	1.0835	0.0365	1.10

续表

工　况	计算模型	$MinSF_{3D}$	$MaxSF_{3D}$	平均值	均方差	破坏概率 $P/\%$
特殊组合Ⅱ	Hovland3D	0.824	1.011	0.9175	0.0311667	99.60
	扩展的 Janbu3D	0.850	1.042	0.946	0.032	95.35
	修正 Hovland3D	0.866	1.060	0.963	0.0323333	87.29

注　基本组合Ⅰ：天然状态下，即自重。

特殊组合Ⅰ：在基本组合Ⅰ的基础上考虑Ⅶ度地震烈度情况，地震加速度 0.1g，即自重+地震（Ⅶ度）。

特殊组合Ⅱ：在基本组合Ⅰ的基础上考虑Ⅷ度地震烈度情况，地震加速度 0.165g，即自重+地震（Ⅷ度）。

在基本组合下，堆积体破坏概率为 0，即表明在不考虑地震的条件下，该堆积体可以认为是稳定的。同时可以看出，考虑地震后安全系数有所降低。考虑Ⅶ度地震烈度情况下，堆积体破坏概率为 1.0%～10.0%，该堆积体发生失稳，但概率较小；考虑Ⅷ度地震烈度情况下，破坏概率为 80%～100%，该堆积体发生失稳，且概率较大。

2. 牙依河堆积体稳定性分析

参考楞古报告所取参数及成勘院提供的相关资料，在稳定性分析中各参数为：c=0～5kN/m^2，φ=35°～40°；天然容量和饱和容重分别为 24.5N/m^3 和 25.5N/m^3；地震烈度为Ⅶ～Ⅷ度。此参数的取值虽有一定的可靠性，但仍有待于现场及土工试验的进一步确定。

在此堆积体覆盖层取 c=2.55kN/m^2，φ=37.5°，由于堆积体的前缘高程为 2253m，常时水库的水位是 2240m，水库的最高库水位为 2254m，所以在稳定性分析过程中只考虑水库蓄水位最高对堆积体造成的影响，计算得到的安全系数整理见表 2.24。

表 2.24　　牙依河堆积体三维安全系数表

工　况	Hovland 三维模型	扩展的 Bishop 三维模型	扩展的 Janbu 三维模型	修正的 Hovland 三维模型
基本组合Ⅰ	1.443	1.5	1.483	1.459
基本组合Ⅱ	1.267	1.317	1.303	1.282
特殊组合Ⅰ	1.148	—	1.184	1.171
特殊组合Ⅱ	1.002	—	1.036	1.038
特殊组合Ⅲ	1.009	—	1.04	1.028
特殊组合Ⅳ	0.88	—	0.91	0.911
特殊组合Ⅴ	1.267	1.317	1.302	1.281

续表

工 况	Hovland 三维模型	扩展的 Bishop 三维模型	扩展的 Janbu 三维模型	修正的 Hovland 三维模型
特殊组合Ⅵ	1.008	—	1.04	1.028
特殊组合Ⅶ	0.88	—	0.909	0.911

注 基本组合Ⅰ：天然状态，即只考虑自重；

基本组合Ⅱ：考虑满库，即自重+水位（2254m）；

特殊组合Ⅰ：在基本组合Ⅰ的基础上考虑Ⅶ度地震烈度情况，地震加速度 0.1g，即自重+地震（Ⅶ度）；

特殊组合Ⅱ：在基本组合Ⅰ的基础上考虑Ⅷ度地震烈度情况，地震加速度 0.165g，即自重+地震（Ⅷ度）；

特殊组合Ⅲ：在基本组合Ⅱ的基础上考虑Ⅶ度地震烈度情况，地震加速度 0.1g，即自重+水位（2254m）+地震（Ⅶ度）；

特殊组合Ⅳ：在基本组合Ⅱ的基础上考虑Ⅷ度地震烈度情况，地震加速度 0.165g，即自重+水位（2254m）+地震（Ⅷ度）；

特殊组合Ⅴ：考虑水位骤降的情况，即土体的天然容重等于饱和容重；

特殊组合Ⅵ：在特殊组合Ⅴ的基础上考虑Ⅶ度地震烈度情况，地震加速度 0.1g，即土体的天然容重等于饱和容重+地震（Ⅶ度）；

特殊组合Ⅶ：在特殊组合Ⅴ的基础上考虑Ⅷ度地震烈度情况，地震加速度 0.165g，即土体的天然容重等于饱和容重+地震（Ⅷ度）。

堆积体抗剪强度参数取值范围为 $c=0\sim5\text{kN/m}^2$，$\varphi=35°\sim40°$，基于其正态分布的假设，在其两种组合下：堆积体 $c=0\text{kN/m}^2$，$\varphi=35°$和 $c=5\text{kN/m}^2$，$\varphi=40°$，根据所述的安全系数的计算方法，可以得出不同工况下的三维安全系数的最大（$MaxSF_{3D}$）值和最小（$MinSF_{3D}$）值，计算结果见表 2.25。根据破坏概率的计算原理，得到堆积体的破坏概率见表 2.26。

表 2.25　　牙依河堆积体三维安全系数最大值和最小值

工 况	计算模型	$MinSF_{3D}$	$MaxSF_{3D}$
基本组合Ⅰ	Hovland3D	1.304	1.589
	扩展的 Bishop3D	1.356	1.652
	扩展的 Janbu3D	1.341	1.634
	修正 Hovland3D	1.319	1.608
特殊组合Ⅰ	Hovland3D	1.038	1.266
	扩展的 Bishop3D	—	—
	扩展的 Janbu3D	1.07	1.305
	修正 Hovland3D	1.059	1.29

续表

工　况	计算模型	$MinSF_{3D}$	$MaxSF_{3D}$
特殊组合Ⅱ	Hovland3D	0.905	1.105
	扩展的 Bishop3D	—	—
	扩展的 Janbu3D	0.936	1.141
	修正 Hovland3D	0.938	1.143

注　基本组合Ⅰ：天然状态下，即自重；

特殊组合Ⅰ：在基本组合Ⅰ的基础上考虑Ⅶ度地震烈度情况，地震加速度 0.1g，即自重＋地震（Ⅶ度）；

特殊组合Ⅱ：在基本组合Ⅰ的基础上考虑Ⅷ度地震烈度情况，地震加速度 0.165g，即自重＋地震（Ⅷ度）。

表 2.26　　牙依河堆积体破坏概率

工　况	计算模型	$MinSF_{3D}$	$MaxSF_{3D}$	平均值	均方差	破坏概率 P/%
基本组合Ⅰ	Hovland3D	1.304	1.589	1.4465	0.0475	0
	扩展的 Bishop3D	1.356	1.652	1.504	0.049333333	0
	扩展的 Janbu3D	1.341	1.634	1.4875	0.048833333	0
	修正 Hovland3D	1.319	1.608	1.4635	0.048166667	0
特殊组合Ⅰ	Hovland3D	1.038	1.266	1.152	0.038	0
	扩展的 Janbu3D	1.07	1.305	1.1875	0.039166667	0
	修正 Hovland3D	1.059	1.29	1.1745	0.0385	0
特殊组合Ⅱ	Hovland3D	0.905	1.105	1.005	0.033333333	44.04
	扩展的 Janbu3D	0.936	1.141	1.0385	0.034166667	12.92
	修正 Hovland3D	0.938	1.143	1.0405	0.034166667	11.70

注　基本组合Ⅰ：天然状态下，即自重；

特殊组合Ⅰ：在基本组合Ⅰ的基础上考虑Ⅶ度地震烈度情况，地震加速度 0.1g，即自重＋地震（Ⅶ度）；

特殊组合Ⅱ：在基本组合Ⅰ的基础上考虑Ⅷ度地震烈度情况，地震加速度 0.165g，即自重＋地震（Ⅷ度）。

在基本组合下，堆积体破坏概率为 0，即表明在不考虑地震的条件下，该堆积体可以认为是稳定的。同时可以看出，考虑地震后安全系数有所降低。考虑Ⅶ度地震烈度情况下，安全系数虽有所降低，但堆积体破坏概率却仍然是 0，该堆积体可以认为是稳定的；考虑Ⅷ度地震烈度情况下，破坏概率 10.0%～50.0%，该堆积体发生失稳，但概率不是较大。

3. 水塘子堆积体稳定性分析

参考楞古报告所取参数及成勘院提供的相关资料，在稳定性分析中各参数为：$c=0\sim5kN/m^2$，$\varphi=35°\sim40°$；天然和饱和容重分别为 $24.5N/m^3$ 和 $25.5N/m^3$；地震烈度为Ⅶ～Ⅷ度。此参数的取值虽有一定的可靠性，但仍有待于现场及土工试验的进一步确定。

在此堆积体覆盖层取 $c=2.5kN/m^2$，$\varphi=37.5°$，由于堆积体的前缘高程为2211m，常时水库的水位是2210m，水库的最高库水位为2254m，所以在稳定性分析过程中只考虑水库蓄水位最高对堆积体造成的影响，计算得到的安全系数整理见表2.27。

堆积体抗剪强度参数取值范围为 $c=0\sim5kN/m^2$，$\varphi=35°\sim40°$，基于其正态分布的假设，在其两种组合下：堆积体 $c=0kN/m^2$，$\varphi=35°$ 和 $c=5kN/m^2$，$\varphi=40°$，根据所述的安全系数的计算方法，可以得出不同工况下的三维安全系数的最大（$MaxSF_{3D}$）值和最小（$MinSF_{3D}$）值，计算结果见表2.28。根据破坏概率的计算原理，得到堆积体的破坏概率见表2.29。

表2.27　　水塘子堆积体三维安全系数表

工　况	Hovland三维模型	扩展的Bishop三维模型	扩展的Janbu三维模型	修正的Hovland三维模型
基本组合Ⅰ	1.112	1.188	1.157	1.137
基本组合Ⅱ	1.052	1.123	1.094	1.075
特殊组合Ⅰ	0.902	—	0.943	0.929
特殊组合Ⅱ	0.792	—	0.831	0.831
特殊组合Ⅲ	0.853	—	0.891	0.879
特殊组合Ⅳ	0.748	—	0.785	0.786
特殊组合Ⅴ	1.051	1.123	1.093	1.074
特殊组合Ⅵ	0.852	—	0.891	0.878
特殊组合Ⅶ	0.748	—	0.785	0.785

注　基本组合Ⅰ：天然状态，即只考虑自重；

基本组合Ⅱ：考虑满库，即自重＋水位（2254m）；

特殊组合Ⅰ：在基本组合Ⅰ的基础上考虑Ⅶ度地震烈度，地震加速度0.1*g*，即自重＋地震（Ⅶ度）；

特殊组合Ⅱ：在基本组合Ⅰ的基础上考虑Ⅷ度地震烈度，地震加速度0.165*g*，即自重＋地震（Ⅷ度）；

特殊组合Ⅲ：在基本组合Ⅱ的基础上考虑Ⅶ度地震烈度，地震加速度0.1*g*，即自重＋水位（2254m）＋地震（Ⅶ度）；

特殊组合Ⅳ：在基本组合Ⅱ的基础上考虑Ⅷ度地震烈度，地震加速度0.165*g*，即自重＋水位（2254m）＋地震（Ⅷ度）；

特殊组合Ⅴ：考虑水位骤降的，即土体的天然容重等于饱和容重；

特殊组合Ⅵ：在特殊组合Ⅴ的基础上考虑Ⅶ度地震烈度，地震加速度0.1*g*，即土体的天然容重等于饱和容重＋地震（Ⅶ度）；

特殊组合Ⅶ：在特殊组合Ⅴ的基础上考虑Ⅷ度地震烈度，地震加速度0.165*g*，即土体的天然容重等于饱和容重＋地震（Ⅷ度）。

表 2.28　　水塘子堆积体三维安全系数最大值和最小值

工　况	计算模型	$MinSF_{3D}$	$MaxSF_{3D}$
基本组合Ⅰ	Hovland3D	1.005	1.227
	扩展的 Bishop3D	1.073	1.309
	扩展的 Janbu3D	1.045	1.275
	修正 Hovland3D	1.027	1.254
特殊组合Ⅰ	Hovland3D	0.814	0.996
	扩展的 Bishop3D	—	—
	扩展的 Janbu3D	0.851	1.04
	修正 Hovland3D	0.84	1.025
特殊组合Ⅱ	Hovland3D	0.714	0.874
	扩展的 Bishop3D	—	—
	扩展的 Janbu3D	0.75	0.917
	修正 Hovland3D	0.751	0.916

注　基本组合Ⅰ：天然状态下，即自重；
特殊组合Ⅰ：在基本组合Ⅰ的基础上考虑Ⅶ度地震烈度情况，地震加速度 0.1g，即自重＋地震（Ⅶ度）；
特殊组合Ⅱ：在基本组合Ⅰ的基础上考虑Ⅷ度地震烈度情况，地震加速度 0.165g，即自重＋地震（Ⅷ度）。

表 2.29　　水塘子堆积体破坏概率

工　况	计算模型	$MinSF_{3D}$	$MaxSF_{3D}$	平均值	均方差	破坏概率 P/%
基本组合Ⅰ	Hovland3D	1.005	1.227	1.116	0.037	0
	扩展的 Bishop3D	1.073	1.309	1.191	0.039333333	0
	扩展的 Janbu3D	1.045	1.275	1.16	0.038333333	0
	修正 Hovland3D	1.027	1.254	1.1405	0.037833333	0.01
特殊组合Ⅰ	Hovland3D	0.814	0.996	0.905	0.030333333	99.90
	扩展的 Janbu3D	0.851	1.04	0.9455	0.0315	95.82
	修正 Hovland3D	0.84	1.025	0.9325	0.030833333	98.57
特殊组合Ⅱ	Hovland3D	0.714	0.874	0.794	0.026666667	100.00
	扩展的 Janbu3D	0.75	0.917	0.8335	0.027833333	100.00
	修正 Hovland3D	0.751	0.916	0.8335	0.0275	100.00

注　基本组合Ⅰ：天然状态下，即自重；
特殊组合Ⅰ：在基本组合Ⅰ的基础上考虑Ⅶ度地震烈度情况，地震加速度 0.1g，即自重＋ 地震（Ⅶ度）；
特殊组合Ⅱ：在基本组合Ⅰ的基础上考虑Ⅷ度地震烈度情况，地震加速度 0.165g，即自重＋地震（Ⅷ度）。

在基本组合下，堆积体破坏概率为 0～1%，破坏概率较小，即表明在不考虑地震的条件下，该堆积体可以认为是稳定的。同时可以看出，考虑地震后安全系数有所降低。考虑Ⅶ度地震烈度情况下，堆积体破坏概率为 90.0%～

100.0%，破坏概率较大，该堆积体可以认为是不稳定的；考虑Ⅷ度地震烈度情况下，破坏概率约为 100.0%，概率非常大，该堆积体发生失稳。

4. 布林永对岸堆积体稳定性分析

参考楞古报告所取参数及成勘院提供的相关资料，在稳定性分析中各参数为：$c=0\sim5\mathrm{kN/m^2}$，$\varphi=35°\sim40°$；天然和饱和容重分别为 $24.5\mathrm{N/m^3}$ 和 $25.5\mathrm{N/m^3}$；地震烈度为Ⅶ～Ⅷ度。此参数的取值虽有一定的可靠性，但仍有待于现场及土工试验的进一步确定。

在此堆积体覆盖层取 $c=2.5\mathrm{kN/m^2}$，$\varphi=37.5°$，由于堆积体的前缘高程为 2270m，水库的最高库水位为 2254m，所以在稳定性分析过程中不考虑水库蓄水对堆积体造成的影响，计算得到的安全系数整理见表 2.30。

表 2.30　　布林永对岸堆积体三维安全系数表

工　况	Hovland 三维模型	扩展的 Bishop 三维模型	扩展的 Janbu 三维模型	修正的 Hovland 三维模型
基本组合Ⅰ	1.584	1.715	1.659	1.636
特殊组合Ⅰ	1.244	—	1.314	1.287
特殊组合Ⅱ	1.079	—	1.146	1.13

注　基本组合Ⅰ：天然状态下，即自重；

特殊组合Ⅰ：在基本组合Ⅰ的基础上考虑Ⅶ度地震烈度情况，地震加速度 $0.1g$，即自重＋地震（Ⅶ度）；

特殊组合Ⅱ：在基本组合Ⅰ的基础上考虑Ⅷ度地震烈度情况，地震加速度 $0.165g$，即自重＋地震（Ⅷ度）。

堆积体抗剪强度参数取值范围为 $c=0\sim5\mathrm{kN/m^2}$，$\varphi=35°\sim40°$，基于其正态分布的假设，在其两种组合下：堆积体 $c=0\mathrm{kN/m^2}$，$\varphi=35°$和 $c=5\mathrm{kN/m^2}$，$\varphi=40°$，根据所述的安全系数的计算方法，可以得出不同工况下的三维安全系数的最大（$\mathrm{MaxSF_{3D}}$）值和最小（$\mathrm{MinSF_{3D}}$）值，计算结果见表 2.31。根据破坏概率的计算原理，得到堆积体的破坏概率见表 2.32。

表 2.31　　布林永对岸堆积体三维安全系数最大值和最小值

工　况	计算模型	$\mathrm{MinSF_{3D}}$	$\mathrm{MaxSF_{3D}}$
基本组合Ⅰ	Hovland3D	1.435	1.742
	扩展的 Bishop3D	1.555	1.885
	扩展的 Janbu3D	1.504	1.824
	修正 Hovland3D	1.483	1.799

续表

工　况	计算模型	$MinSF_{3D}$	$MaxSF_{3D}$
特殊组合Ⅰ	Hovland3D	1.127	1.316
	扩展的 Bishop3D	—	—
	扩展的 Janbu3D	1.191	1.445
	修正 Hovland3D	1.167	1.415
特殊组合Ⅱ	Hovland3D	0.977	1.187
	扩展的 Bishop3D	—	—
	扩展的 Janbu3D	1.039	1.261
	修正 Hovland3D	1.025	1.243

注　基本组合Ⅰ：天然状态下，即自重；

特殊组合Ⅰ：在基本组合Ⅰ的基础上考虑Ⅶ度地震烈度情况，地震加速度 0.1*g*，即自重＋ 地震（Ⅶ度）；

特殊组合Ⅱ：在基本组合Ⅰ的基础上考虑Ⅷ度地震烈度情况，地震加速度 0.165*g*，即自重＋地震（Ⅷ度）。

表 2.32　　　　布林永对岸堆积体破坏概率

工况	计算模型	$MinSF_{3D}$	$MaxSF_{3D}$	平均值	均方差	破坏概率 P /%
基本组合Ⅰ	Hovland3D	1.435	1.742	1.5885	0.051166667	0
	扩展的 Bishop3D	1.555	1.885	1.72	0.055	0
	扩展的 Janbu3D	1.504	1.824	1.664	0.053333333	0
	修正 Hovland3D	1.483	1.799	1.641	0.052666667	0
特殊组合Ⅰ	Hovland3D	1.127	1.316	1.2215	0.0315	0
	扩展的 Janbu3D	1.191	1.445	1.318	0.042333333	0
	修正 Hovland3D	1.167	1.415	1.291	0.041333333	0
特殊组合Ⅱ	Hovland3D	0.977	1.187	1.082	0.035	0.96
	扩展的 Janbu3D	1.039	1.261	1.15	0.037	0
	修正 Hovland3D	1.025	1.243	1.134	0.036333333	0.01

注　基本组合Ⅰ：天然状态下，即自重；

特殊组合Ⅰ：在基本组合Ⅰ的基础上考虑Ⅶ度地震烈度情况，地震加速度 0.1*g*，即自重＋ 地震（Ⅶ度）；

特殊组合Ⅱ：在基本组合Ⅰ的基础上考虑Ⅷ度地震烈度情况，地震加速度 0.165*g*，即自重＋地震（Ⅷ度）。

在基本组合下，堆积体破坏概率约是 0，即表明在不考虑地震的条件下，该堆积体可以认为是稳定的。同时可以看出，考虑地震后安全系数有所降低。考虑Ⅶ度地震烈度情况下，堆积体破坏概率仍然约是 0，该堆积体可以认为是稳定的；考虑Ⅷ度地震烈度情况下，破坏概率为0～1.0%之间，破坏概率非常小，该堆积体可以认为是稳定的。

5. 坝址下游堆积体稳定性分析

参考楞古报告所取参数及成勘院提供的相关资料，在稳定性分析中各参数为：$c=30\sim60\mathrm{kN/m^2}$，$\varphi=30°\sim40°$；天然和饱和容重分别为 $25\mathrm{N/m^3}$ 和 $25.5\mathrm{N/m^3}$；地震烈度为Ⅶ～Ⅷ度。此参数的取值虽有一定的可靠性，但仍有待于现场及土工试验的进一步确定。

在此堆积体覆盖层取 $c=45\mathrm{kN/m^2}$，$\varphi=35°$，由于堆积体的前缘高程为2336m，水库的最高库水位为2254m，所以在稳定性分析过程中不考虑水库蓄水对堆积体造成的影响，计算得到的安全系数整理见表2.33。

表2.33 坝址下游堆积体三维安全系数表

工 况	Hovland 三维模型	扩展的 Bishop 三维模型	扩展的 Janbu 三维模型	修正的 Hovland 三维模型
基本组合Ⅰ	1.276	1.315	1.302	1.289
特殊组合Ⅰ	1.048	—	1.071	1.056
特殊组合Ⅱ	0.929	—	0.95	0.945

注 基本组合Ⅰ：天然状态下，即自重；
特殊组合Ⅰ：在基本组合Ⅰ的基础上考虑Ⅶ度地震烈度情况，地震加速度 $0.1g$，即自重＋ 地震（Ⅶ度）；
特殊组合Ⅱ：在基本组合Ⅰ的基础上考虑Ⅷ度地震烈度情况，地震加速度 $0.165g$，即自重＋地震（Ⅷ度）。

堆积体抗剪强度参数取值范围为 $c=30\sim60\mathrm{kN/m^2}$，$\varphi=30°\sim40°$，基于其正态分布的假设，在两种组合下：堆积体 $c=30\mathrm{kN/m^2}$，$\varphi=30°$ 和 $c=60\mathrm{kN/m^2}$，$\varphi=40°$，根据所述的安全系数的计算方法，可以得出不同工况下的三维安全系数的最大（$\mathrm{MaxSF_{3D}}$）值和最小（$\mathrm{MinSF_{3D}}$）值，计算结果见表2.34。根据破坏概率的计算原理，得到堆积体的破坏概率见表2.35。

表2.34 坝址下游堆积体三维安全系数最大值和最小值

工 况	计算模型	$\mathrm{MinSF_{3D}}$	$\mathrm{MaxSF_{3D}}$
基本组合Ⅰ	Hovland3D	1.015	1.56
	扩展的 Bishop3D	1.470	1.607
	扩展的 Janbu3D	1.036	1.591
	修正 Hovland3D	1.025	1.576

续表

工　况	计算模型	$MinSF_{3D}$	$MaxSF_{3D}$
特殊组合Ⅰ	Hovland3D	0.832	1.284
	扩展的 Bishop3D	—	—
	扩展的 Janbu3D	0.851	1.312
	修正 Hovland3D	0.840	1.291
特殊组合Ⅱ	Hovland3D	0.736	1.139
	扩展的 Bishop3D	—	—
	扩展的 Janbu3D	0.755	1.164
	修正 Hovland3D	0.752	1.155

注　基本组合Ⅰ：天然状态下，即自重；
特殊组合Ⅰ：在基本组合Ⅰ的基础上考虑Ⅶ度地震烈度情况，地震加速度0.1g，即自重＋地震（Ⅶ度）；
特殊组合Ⅱ：在基本组合Ⅰ的基础上考虑Ⅷ度地震烈度情况，地震加速度0.165g，即自重＋地震（Ⅷ度）。

表2.35　　坝址下游堆积体破坏概率

工　况	计算模型	$MinSF_{3D}$	$MaxSF_{3D}$	平均值	均方差	破坏概率 P/%
基本组合Ⅰ	Hovland3D	1.015	1.560	1.2875	0.090833333	0.07
	扩展的 Bishop3D	1.470	1.607	1.5385	0.022833333	0
	扩展的 Janbu3D	1.036	1.591	1.3135	0.0925	0.03
	修正 Hovland3D	1.025	1.576	1.3005	0.091833333	0.05
特殊组合Ⅰ	Hovland3D	0.832	1.284	1.058	0.075333333	22.06
	扩展的 Janbu3D	0.851	1.312	1.0815	0.076833333	14.46
	修正 Hovland3D	0.840	1.291	1.0655	0.075166667	19.22
特殊组合Ⅱ	Hovland3D	0.736	1.139	0.9375	0.067166667	82.38
	扩展的 Janbu3D	0.755	1.164	0.9595	0.068166667	72.24
	修正 Hovland3D	0.752	1.155	0.9535	0.067166667	75.49

注　基本组合Ⅰ：天然状态下，即自重；
特殊组合Ⅰ：在基本组合Ⅰ的基础上考虑Ⅶ度地震烈度情况，地震加速度0.1g，即自重＋地震（Ⅶ度）；
特殊组合Ⅱ：在基本组合Ⅰ的基础上考虑Ⅷ度地震烈度情况，地震加速度0.165g，即自重＋地震（Ⅷ度）。

在基本组合下，堆积体破坏概率为0～0.1%，破坏概率非常小，即表明在不考虑地震的条件下，该堆积体可以认为是稳定的。同时可以看出，考虑地震后安全系数有所降低。考虑Ⅶ度地震烈度情况下，堆积体破坏概率在10.0%～30.0%之间，破坏概率较小，该堆积体可能发生失稳；考虑Ⅷ度地震烈度情况下，破坏概率为70%～90%，破坏概率较大，该堆积体发生失稳。

6. 孟底沟堆积体稳定性分析

参考楞古报告所取参数及成勘院提供的相关资料，在稳定性分析中各参数为：$c=30\sim60\text{kN/m}^2$，$\varphi=30°\sim40°$；天然和饱和容重分别为25N/m^3和25.5N/m^3；地震烈度为Ⅶ～Ⅷ度。此参数的取值虽有一定的可靠性，但仍有待于现场及土工试验的进一步确定。

在此堆积体覆盖层取$c=45\text{kN/m}^2$，$\varphi=35°$，由于堆积体的前缘高程为2135m，常时水库水位是2140m，水库的最高库水位为2254m，所以在稳定性分析过程中考虑水库蓄水对堆积体造成的影响，计算得到的安全系数整理见表2.36。

表2.36　孟底沟堆积体三维安全系数表

工　况	Hovland三维模型	扩展的Bishop三维模型	扩展的Janbu三维模型	修正的Hovland三维模型
基本组合Ⅰ	1.412	1.469	1.450	1.431
基本组合Ⅱ	1.041	1.084	1.069	1.055
特殊组合Ⅰ	1.152	—	1.185	1.167
特殊组合Ⅱ	1.017	—	1.049	1.042
特殊组合Ⅲ	0.849	—	0.874	0.86
特殊组合Ⅳ	0.750	—	0.773	0.768
特殊组合Ⅴ	1.038	1.081	1.066	1.053
特殊组合Ⅵ	0.847	—	0.871	0.858
特殊组合Ⅶ	0.747	—	0.771	0.766

注　基本组合Ⅰ：考虑空库，即自重＋水位（2140m）；基本组合Ⅱ：考虑满库，即自重＋水位（2254m）；

特殊组合Ⅰ：在基本组合Ⅰ的基础上考虑Ⅶ度地震烈度情况，地震加速度0.1g，即自重＋水位（2140m）＋地震（Ⅶ度）；

特殊组合Ⅱ：在基本组合Ⅰ的基础上考虑Ⅷ度地震烈度情况，地震加速度0.165g，即自重＋水位（2140m）＋地震（Ⅷ度）；

特殊组合Ⅲ：在基本组合Ⅱ的基础上考虑Ⅶ度地震烈度情况，地震加速度0.1g，即自重＋水位（2254m）＋地震（Ⅶ度）；

特殊组合Ⅳ：在基本组合Ⅱ的基础上考虑Ⅷ度地震烈度情况，地震加速度0.165g，即自重＋水位（2254m）＋地震（Ⅷ度）；

特殊组合Ⅴ：考虑水位骤降的情况，即土体的天然容重等于饱和容重；

特殊组合Ⅵ：在特殊组合Ⅴ的基础上考虑Ⅶ度地震烈度情况，地震加速度0.1g，即土体的天然容重等于饱和容重＋地震（Ⅶ度）；

特殊组合Ⅶ：在特殊组合Ⅴ的基础上考虑Ⅷ度地震烈度情况，地震加速度0.165g，即土体的天然容重等于饱和容重＋地震（Ⅷ度）。

由于在空库和满库阶段都需要考虑水位变化对堆积体稳定性造成的影响，而水位变化会引起力学参数的变化，所以此堆积体不做破坏概率的分析。蓄水过程中，随着水位的上升，堆积体的三维安全系数会随之发生变化，随着水位的上升，三维安全系数逐渐降低，结果见表2.37。

表2.37　　孟底沟堆积体蓄水过程中三维安全系数表

工　况	Hovland三维模型	扩展的Bishop三维模型	扩展的Janbu三维模型	修正的Hovland三维模型
基本组合Ⅰ	1.412	1.469	1.450	1.431
基本组合Ⅱ	1.312	1.366	1.348	1.331
基本组合Ⅲ	1.217	1.267	1.250	1.234
基本组合Ⅳ	1.126	1.172	1.156	1.141
基本组合Ⅴ	1.041	1.084	1.069	1.055

注　基本组合Ⅰ：考虑空库，即自重＋水位（2140m）；基本组合Ⅱ：考虑水位上升，即自重＋水位（2170m）；基本组合Ⅲ：考虑水位上升，即自重＋水位（2198m）；基本组合Ⅳ：考虑水位上升，即自重＋水位（2226m）；基本组合Ⅴ：考虑满库，即自重＋水位（2254m）。

从表2.37可以看出，在蓄水过程中堆积体的稳定性会有所降低，但是三维安全系数均大于1，可见堆积体仍处于稳定状态，所以水库蓄水基本不会导致堆积体失稳。

上述计算结果只能适应于判断边坡的整体稳定性，不适应于结构面和构造面引起的局部边坡稳定分析。对于局部边坡稳定问题，应结合现场详细的工程地质调查进行综合分析和相应的监控措施。

第3章

泥石流土石量计算模型研究

本章图片

泥石流的流量计算涉及问题较为复杂，不仅有泥石流的产流和汇流过程，还涉及泥石流的形成机理和流变特征，如何探索一种快速计算泥石流流量的计算方法成为研究泥石流问题的关键。本书在分析前人研究泥石流土石量计算的基础上，利用三维遥感技术和地理信息系统技术，辅以实地调查，提出一种泥石流流量的快捷计算方法。

3.1 泥石流流量计算的一般方法

泥石流的流量不仅反映泥石流的规模、流体的性质和强度，还决定着泥石流防灾减灾工程建筑物的类型、结构和规模的大小，也是表征泥石流最为重要的特征值之一[104-105]。因此，在泥石流风险评价过程中泥石流的流量是一个重要的基本参数，同时，也是研究泥石流的重要课题之一。

在泥石流计算过程中受到多种因素的影响：①规模上泥石流的流量远大于山洪，流量变化为十几立方米每秒到上万立方米每秒；②流体的性质，泥石流的流量过程也与山洪有较大差异，泥石流有连续流和阵性流两种，连续流的流量变化较小，阵性流的流量通常在头部过后较短的时间内达到峰值，而流量缓慢降低至断流，故泥石流流量计算方法与山洪也不尽相同。针对上述分析，泥石流流量计算一般是按照泥石流峰值流量计算的。常见的泥石流流量计算的方法有形态调查法、配方法和经验公式法。

3.1.1 形态调查法

形态调查法是基于断面面积和流速为基础的一种流量计算方法[106]。

$$Q_c = W_c V_c \tag{3.1}$$

式中：Q_c 为泥石流断面峰值流量，m^3/s；W_c 为泥石流过流断面面积，m^2；

V_c 为泥石流断面平均流速，m/s。

虽然形态调查法计算结果较准确，应用范围广，但要求泥痕断面清晰可测。

3.1.2 配方法

配方法是在降水和洪水（泥石流）同频率的假设条件下，以不同频率的清水流量计算为前提，在容重确定的基础上进行不同频率泥石流流量模拟的一种方法。配方法计算泥石流的流量的流程为：①根据水力学方法计算强降雨产生的流量峰值；②确定土体颗粒含量；③计算泥石流的土石量。所计算的泥石流土石量被称为泥石流理论上的流量峰值。

泥石流流量计算的配方法表达式为[107]

$$Q_c=(1+\varphi_c)Q_w \tag{3.2}$$

$$\varphi_c=\frac{\gamma_c-\gamma_w}{\gamma_s-\gamma_c} \tag{3.3}$$

式中：Q_w 为某降雨频率下的强降雨产生的洪峰设计流量值，m^3/s；Q_c 为与 Q_w 同一降雨频率下的泥石流产生的流量值，m^3/s；φ_c 为泥石流产生的流量增加系数；γ_c 为泥石流流体的容重，g/cm^3；γ_w 为水的容重，g/cm^3；γ_s 为泥石流中固体颗粒容重，g/cm^3。

3.1.3 经验公式法

经验公式法是前人依照经验总结出来的泥石流流量计算方法，如 1991 年根据北京地区大量泥石流资料，经修正后发展为北京地区稀性泥石流流量计算公式：

$$Q_c=Q_w(1+\varphi_c)/th\left(\frac{2}{sf}F_b^{0.5}+\frac{50}{f{\gamma_c}^{6r_c}}\right) \tag{3.4}$$

式中：f 为固体（土体）物质补给量的影响系数，它与流域坡面的土层厚度、沟谷松散固体物质储量的多少有关，也与沟床比降、沟槽宽度和沟内大石块粒径大小等有关，无量纲；s 为暴雨雨力，mm/h；F 为泥石流流域面积，km^2；其他参数同上。

多数经验公式是建立在观测的基础上，具有一定的科学性，但经验公式具有极强的地域特性，其中许多参数都是根据特定的地域，经过长期的观测总结出来的，要将经验公式用于不同的流域往往十分困难。

3.2 盂底沟泥石流危险性评价

3.2.1 流域内可能移动的土砂量

3.2.1.1 建立三维遥感系统

使用GIS软件对地形、遥感数据进行几何校正、数据融合、镶嵌等处理，利用三维可视化技术压制三维影像系统。图3.1所示为单独压制的盂底沟三维影像图。

3.2.1.2 识别河谷并确定其类型

根据等高线形状识别河谷，由2.3.4.1节所述原理确定河谷的类型，根据影像和现场记录资料划出可能破坏的崩塌、滑坡等不良地质现象。

1. 生成等高线

在三维影像系统中生成等高线，
考虑到地形底图数据精度，间距选50m。生成的等高线如图3.2所示。

图3.1 盂底沟三维影像图

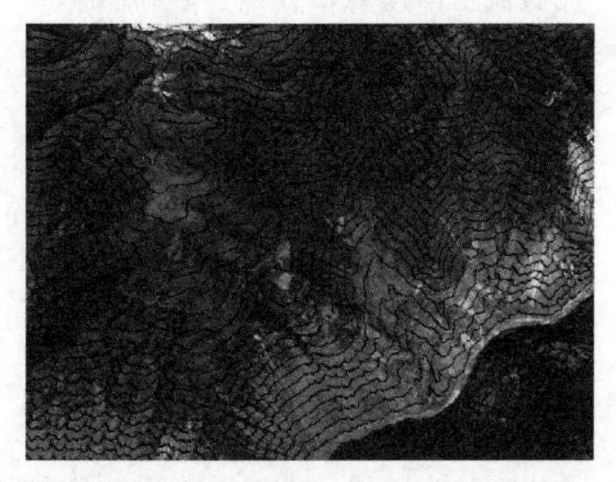

图3.2 盂底沟等高线三维模型

2. 测量分段

使用三维系统中的测量工具进行测量，判断河谷类型并分段。以图3.3为例，$a<b$，河谷属于1次谷。经过测量对沟谷确定类型后，为其分段，并在三维影像系统中沿河谷线画出，如图3.4所示。

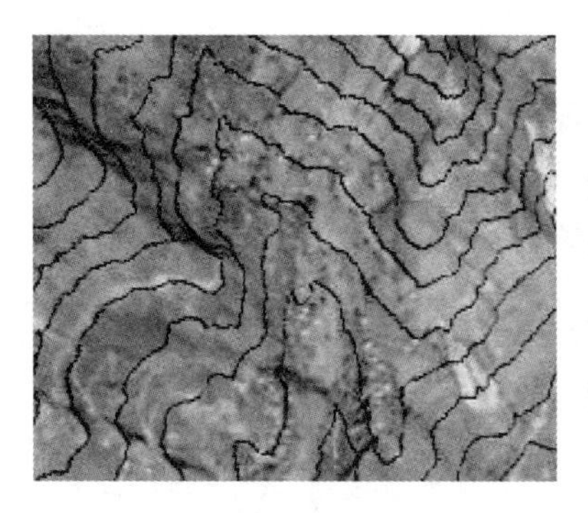

(a) 识别河谷

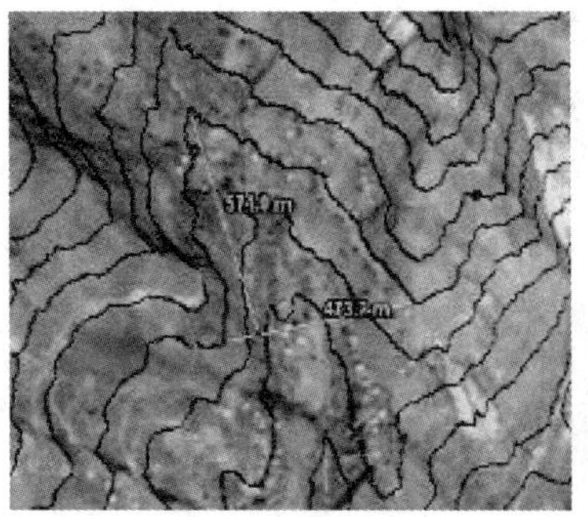

(b) 测量

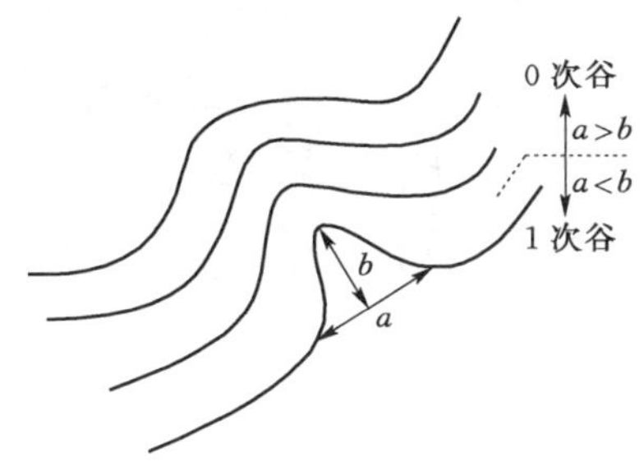

(c) 判别依据

图 3.3 泥石流沟谷类型的识别

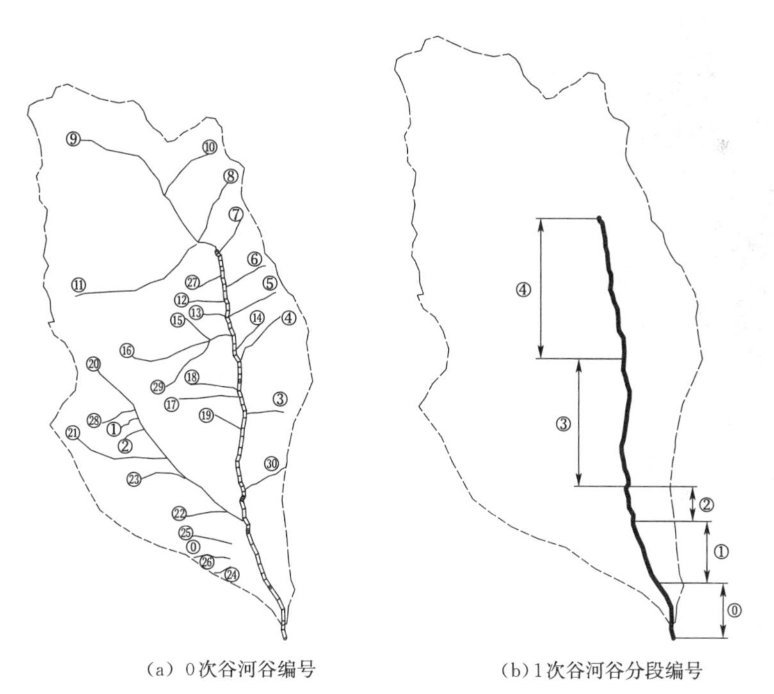

(a) 0次谷河谷编号

(b) 1次谷河谷分段编号

图 3.4 孟底沟泥石流 0 次谷和 1 次谷计算编号

0次谷河、1次谷编号如下。

3.2.1.3 调查崩塌、滑坡等不良地质现象

调查泥石流流域内存在的崩塌、滑坡，估算崩积物、滑坡体的范围，结合现场调查资料估算其平均厚度，如图3.5～图3.7所示。

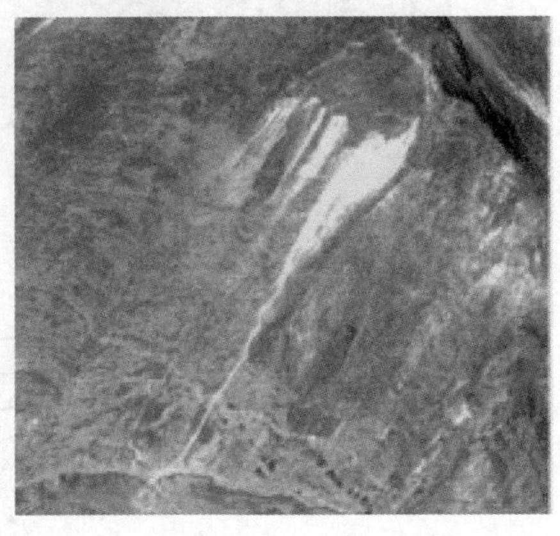

图3.5 崩塌、滑坡的特征影像

图3.6 孟底沟灾害及河谷类型划分

图3.7 孟底沟崩塌、滑坡破坏计算编号

3.2.1.4 河谷长度、堆积宽度的计算与统计

沟谷长度可以用ArcGIS自动统计。根据沟谷横断面变化和影像判读估算堆积宽度。如图3.8所示的河谷横断面，制作其断面图如图3.9所示，可估算

堆积宽度。

图 3.8　三维影像系统中某断面位置

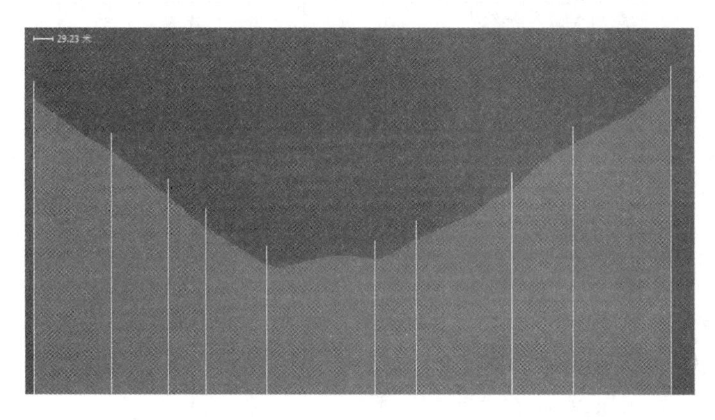

图 3.9　断面剖面图

根据流域原始资料及现场调查情况估算平均沟谷堆积厚度，并同沟谷长度、宽度一起统计数据库，如图 3.10 和图 3.11 所示。

Attributes of vally0

FID	Shape *	TE_TYPE	TE_DESC	Length	width	Depth	Volum
0	Polyline ZM	POLYLINE	New Polyline ##204157	767.434011	15	1.8	20720.
1	Polyline ZM	POLYLINE	New Polyline ##203956	433.102786	20	1.8	15591.
2	Polyline ZM	POLYLINE	New Polyline ##203417	455.201895	16	1.8	1310
3	Polyline ZM	POLYLINE	New Polyline ##202754	836.277758	20	1.8	30105.
4	Polyline ZM	POLYLINE	New Polyline ##132652	1247.96782	22	1.8	49419.
5	Polyline ZM	POLYLINE	New Polyline ##134167	1138.39048	17	1.8	34834.
6	Polyline ZM	POLYLINE	New Polyline ##134428	980.156308	20	1.8	35285.
7	Polyline ZM	POLYLINE	New Polyline ##134959	851.100531	23	1.8	35235.
8	Polyline ZM	POLYLINE	New Polyline ##135804	1344.895858	25	1.8	60520.
9	Polyline ZM	POLYLINE	New Polyline ##136023	3958.884439	25	1.8	178149.
10	Polyline ZM	POLYLINE	New Polyline ##137551	1293.992142	25	1.8	58229.
11	Polyline ZM	POLYLINE	New Polyline ##140266	3011.226864	22	1.8	119244.
12	Polyline ZM	POLYLINE	New Polyline ##141575	795.913487	14	1.8	20057.
13	Polyline ZM	POLYLINE	New Polyline ##143130	646.751622	11	1.8	12805.
14	Polyline ZM	POLYLINE	New Polyline ##143299	716.486525	15	1.8	19345.
15	Polyline ZM	POLYLINE	New Polyline ##144466	700.077844	12	1.8	15121

Record: 1　Show: All Selected　Records (0 out of 31 Selected)　Options

图 3.10　0 次谷计算结果

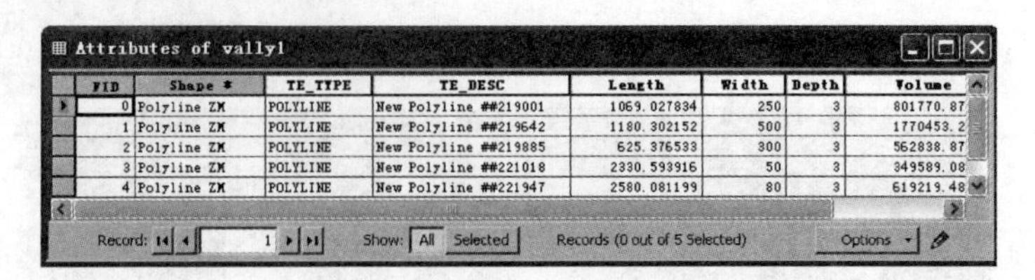

图 3.11 1 次谷计算结果

3.2.1.5 泥石流总流量计算

根据经验及现场勘查报告，孟底沟 1 次谷平均堆积深度估算为 3m，0 次谷平均堆积深度估算为 1.8m，见表 3.1～表 3.4。

表 3.1 0 次谷流量计算

编号	河谷长度/m	平均宽度/m	平均堆积深度/m	流量贡献值/m^3
0	767.43	15	1.8	20720.72
1	433.10	20	1.8	15591.70
2	455.20	16	1.8	13109.81
3	836.28	20	1.8	30105.99
4	1247.97	22	1.8	49419.53
5	1138.40	17	1.8	34834.75
6	980.16	20	1.8	35285.63
7	851.10	23	1.8	35235.56
8	1344.90	25	1.8	60520.31
9	3958.88	25	1.8	178149.80
10	1293.99	25	1.8	58229.65
11	3011.23	22	1.8	119244.58
12	795.91	14	1.8	20057.02
13	646.75	11	1.8	12805.68
14	716.49	15	1.8	19345.14
15	700.08	12	1.8	15121.68
16	2287.20	23	1.8	94690.23
17	1300.62	12	1.8	28093.30
18	1079.89	12	1.8	23325.69
19	654.24	15	1.8	17664.59
20	4402.31	35	1.8	277345.48
21	2079.31	23	1.8	86083.62

续表

编　号	河谷长度 /m	平均宽度 /m	平均堆积深度 /m	流量贡献值 /m^3
22	890.25	20	1.8	32049.10
23	999.64	20	1.8	35987.13
24	393.77	10	1.8	7087.84
25	878.44	13	1.8	20555.41
26	826.14	8	1.8	11896.44
27	589.08	15	1.8	15905.24
28	771.54	20	1.8	27775.38
29	1330.77	23	1.8	55093.86
30	1006.78	12	1.8	21746.42
合计				1473077.29

表 3.2　　1 次 谷 流 量 计 算

编　号	河谷长度 /m	平均宽度 /m	平均堆积深度 /m	流量贡献值 /m^3
0	1069.03	250	3	801770.88
1	1180.30	500	3	1770453.23
2	625.38	300	3	562838.88
3	2330.59	50	3	349589.09
4	2580.08	80	3	619219.49
合计				4103871.56

表 3.3　　崩塌、滑坡贡献量计算

编　号	面积 /m^2	平均破坏深度 /m	崩滑堆积体积 /m^3
0	20501.44	2	41002.89
1	40835.07	2	81670.14
2	25621.59	2	51243.17
3	35203.30	2	70406.61
4	52746.28	2	105492.57
5	135540.42	2	271080.83
6	28767.76	2	57535.52

续表

编　号	面积 /m²	平均破坏深度 /m	崩滑堆积体积 /m³
7	51031.75	2	102063.50
合计			780495.23

表 3.4　　泥石流总量计算

项　目	泥石流流量 /m³	是否考虑折减（折减系数）	折减后泥石流流量贡献值 /m³
0 次谷	4103871.56	否	4103871.56
1 次谷	1473077.29	否	1473077.29
崩塌滑坡破坏	780495.23	是（20%）	156099.05
合计			5733047.90

注　考虑到崩塌、滑坡破坏规模及概率的不确定性，其贡献值折减为调查值的15%～20%。

3.2.2　考虑降雨搬运的泥沙量

（1）根据河谷的冲刷情况、泥石流沟形态进行分区，并统计各参数值。孟底沟泥石流计算分区和编号如图3.12和图3.13所示。

图3.12　孟底沟泥石流计算分区

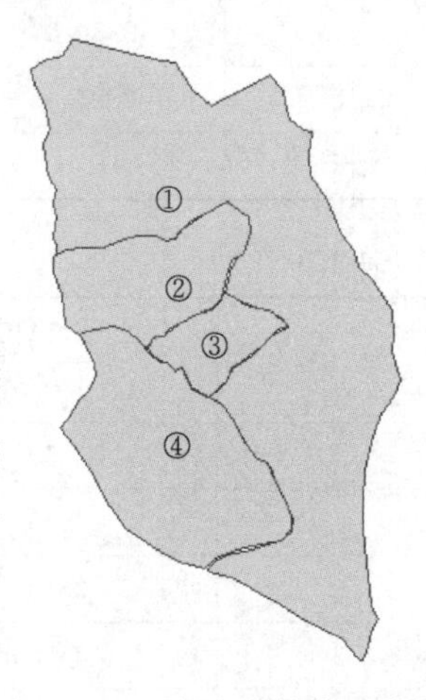

图3.13　孟底沟计算分区编号

根据现场资料，泥沙密度估算为2600kg/m³，泥沙内摩擦角估算为35°。洪水密度按公式要求取1200kg/m³。其他参数由ArcGIS直接统计或通过地形分析获得，如图 3.14 所示。

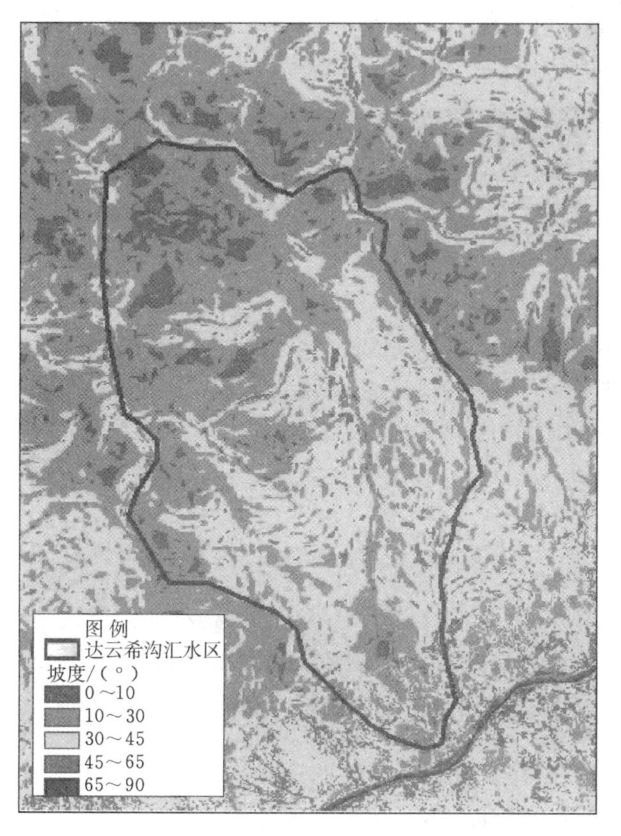

图 3.14 孟底沟汇水区坡度图

(2) 基于 ArcGIS 设计计算表，并计算结果。

1) 添加所需参数字段。计算过程中需要用到的参数有 DensityW（洪水的密度 ρ）、DensityS（砂的密度 σ）、VallyFai（沟谷倾角 θ）、SandFai（河砂内摩擦角 φ）、TanVF（沟谷倾角正切值 Tanθ）、TanSF（河砂内摩擦角正切值 tanφ）、C_d（泥沙浓度）、ModifiedCd（修正后泥沙浓度）、Karea（河谷计算面积 A）、K_{f2}（流出补正系数）、ModifedK_{f2}（改正后 K_{f2}）、K_v（泥沙空隙率）、P_p（降雨量）、V_{dy2}（泥石流流量），如图 3.15 所示。

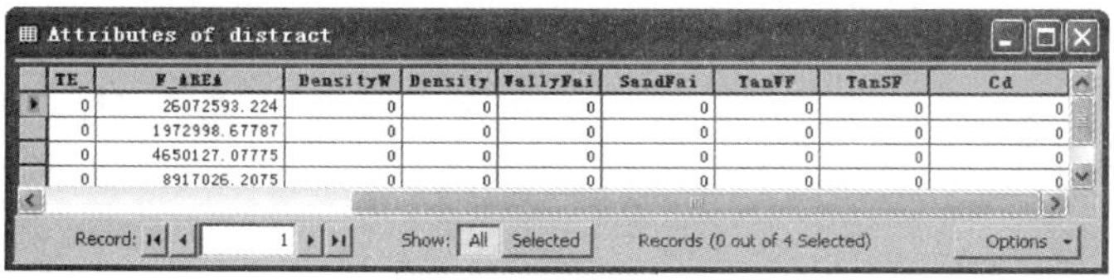

Attributes of distract

TE_	F_AREA	DensityW	Density	VallyFai	SandFai	TanVF	TanSF	Cd
0	26072593.224	0	0	0	0	0	0	0
0	1972998.67787	0	0	0	0	0	0	0
0	4650127.07775	0	0	0	0	0	0	0
0	8917026.2075	0	0	0	0	0	0	0

Record: 1 Show: All Selected Records (0 out of 4 Selected) Options

图 3.15 添加各参数字段

2）运用 Field Calculator 编辑公式对各个参数进行计算。以泥沙浓度 C_d 的计算为例，在 Field Calculator 中编辑：C_d = [DensityW] * [TanVF]/([DensityS]—[DensityW])/([TanSF]—[TanVF])，如图 3.16 所示。

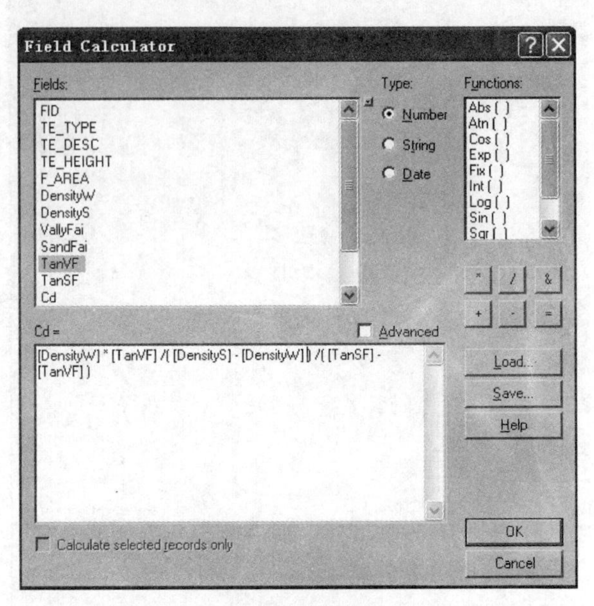

图 3.16 泥沙 C_d 浓度计算

根据相关公式，完成其他各参数的计算。

(3) 计算结果的整理。计算结果见表 3.5～表 3.10。

表 3.5 泥石流流量计算（考虑降水量为 10mm 时）

编 号	1	2	3	4
面积 A/km^2	26.07259	4.650127	1.972999	8.917026
水密度 $\rho/(kg/m^3)$	1200	1200	1200	1200
泥沙密度 $\sigma/(kg/m^3)$	2600	2600	2600	2600
河谷倾角 $\theta/(°)$	9.73	7.90	25.79	24.43
砂内摩擦角 $\varphi/(°)$	35	35	35	35
Tanθ	0.171472	0.138761	0.483204	0.454252
Tanφ	0.700208	0.700208	0.700208	0.700208
泥沙浓度 C_d	0.277977	0.211843	1.908604	1.583042
修正后 C_d	0.3	0.3	0.54	0.54
流出补正率 K_{f2}	0.129492	0.060723	0.137179	0.051766

续表

编　号	1	2	3	4
修正后 K_{f2}	0.129492	0.1	0.137179	0.1
泥沙孔隙率 K_v	0.4	0.4	0.4	0.4
降雨量 P_p/mm	10	10	10	10
泥石流量 V_{dy2}/m^3	24115.6589	3321.5193	5295.4041	17446.3556
泥石流量总和/m^3	50178.94			

表 3.6　　泥石流流量计算（考虑降水量为 25mm 时）

编　号	1	2	3	4
面积 A/km^2	26.07259	4.650127	1.972999	8.917026
水密度 ρ /(kg/m^3)	1200	1200	1200	1200
泥沙密度 σ/(kg/m^3)	2600	2600	2600	2600
河谷倾角 θ/(°)	9.73	7.90	25.79	24.43
砂内摩擦角 φ/(°)	35	35	35	35
$\tan\theta$	0.171472	0.138761	0.483204	0.454252
$\tan\varphi$	0.700208	0.700208	0.700208	0.700208
泥沙浓度 C_d	0.277977	0.211843	1.908604	1.583042
修正后 C_d	0.3	0.3	0.54	0.54
流出补正率 K_{f2}	0.129492	0.060723	0.137179	0.051766
修正后 K_{f2}	0.129492	0.1	0.137179	0.1
泥沙孔隙率 K_v	0.4	0.4	0.4	0.4
降雨量 P_p/mm	25	25	25	25
泥石流量 V_{dy2}/m^3	60289.1472	8303.7984	13238.5102	43615.8891
泥石流量总和/m^3	125447.34			

表 3.7　　泥石流流量计算（考虑降水量为 50mm 时）

编　号	1	2	3	4
面积 A/km^2	26.07259	4.650127	1.972999	8.917026
水密度 ρ /(kg/m^3)	1200	1200	1200	1200
泥沙密度 σ/(kg/m^3)	2600	2600	2600	2600
河谷倾角 θ/(°)	9.73	7.90	25.79	24.43

续表

编　号	1	2	3	4
砂内摩擦角 φ/(°)	35	35	35	35
$\tan\theta$	0.171472	0.138761	0.483204	0.454252
$\tan\varphi$	0.700208	0.700208	0.700208	0.700208
泥沙浓度 C_d	0.277977	0.211843	1.908604	1.583042
修正后 C_d	0.3	0.3	0.54	0.54
流出补正率 K_{f2}	0.129492	0.060723	0.137179	0.051766
修正后 K_{f2}	0.129492	0.1	0.137179	0.1
泥沙孔隙率 K_v	0.4	0.4	0.4	0.4
降雨量 P_p/mm	50	50	50	50
泥石流量 V_{dy2}/m^3	120578.2943	16607.5967	26477.0203	87231.7781
泥石流量总和/m^3	250894.69			

表 3.8　　泥石流流量计算（考虑降水量为 100mm 时）

编　号	1	2	3	4
面积 A/km^2	26.07259	4.650127	1.972999	8.917026
水密度 ρ /(kg/m^3)	1200	1200	1200	1200
泥沙密度 σ/(kg/m^3)	2600	2600	2600	2600
河谷倾角 θ/(°)	9.73	7.90	25.79	24.43
砂内摩擦角 φ/(°)	35	35	35	35
$\tan\theta$	0.171472	0.138761	0.483204	0.454252
$\tan\varphi$	0.700208	0.700208	0.700208	0.700208
泥沙浓度 C_d	0.277977	0.211843	1.908604	1.583042
修正后 C_d	0.3	0.3	0.54	0.54
流出补正率 K_{f2}	0.129492	0.060723	0.137179	0.051766
修正后 K_{f2}	0.129492	0.1	0.137179	0.1
泥沙孔隙率 K_v	0.4	0.4	0.4	0.4
降雨量 P_p/mm	100	100	100	100
泥石流量 V_{dy2}/m^3	241156.5887	33215.1934	52954.0407	174463.5562
泥石流量总和/m^3	501789.38			

表 3.9 泥石流流量计算（考虑降水量为 200mm 时）

编　号	1	2	3	4
面积 A/km^2	26.07259	4.650127	1.972999	8.917026
水密度 ρ /(kg/m^3)	1200	1200	1200	1200
泥沙密度 σ/(kg/m^3)	2600	2600	2600	2600
河谷倾角 θ/(°)	9.73	7.90	25.79	24.43
砂内摩擦角 φ/(°)	35	35	35	35
$\tan\theta$	0.171472	0.138761	0.483204	0.454252
$\tan\varphi$	0.700208	0.700208	0.700208	0.700208
泥沙浓度 C_d	0.277977	0.211843	1.908604	1.583042
修正后 C_d	0.3	0.3	0.54	0.54
流出补正率 K_{f2}	0.129492	0.060723	0.137179	0.051766
修正后 K_{f2}	0.129492	0.1	0.137179	0.1
泥沙孔隙率 K_v	0.4	0.4	0.4	0.4
降雨量 P_p/mm	200	200	200	200
泥石流量 V_{dy2}/m^3	482313.1774	66430.3868	105908.0813	348927.1125
泥石流量总和/m^3	1003578.76			

表 3.10 泥石流流量计算（考虑降水量为 250mm 时）

编　号	1	2	3	4
面积 A/km^2	26.07259	4.650127	1.972999	8.917026
水密度 ρ/(kg/m^3)	1200	1200	1200	1200
泥沙密度 σ/(kg/m^3)	2600	2600	2600	2600
河谷倾角 θ/(°)	9.73	7.90	25.79	24.43
砂内摩擦角 φ/(°)	35	35	35	35
$\tan\theta$	0.171472	0.138761	0.483204	0.454252
$\tan\varphi$	0.700208	0.700208	0.700208	0.700208
泥沙浓度 C_d	0.277977	0.211843	1.908604	1.583042
修正后 C_d	0.3	0.3	0.54	0.54
流出补正率 K_{f2}	0.129492	0.060723	0.137179	0.051766
修正后 K_{f2}	0.129492	0.1	0.137179	0.1
泥沙孔隙率 K_v	0.4	0.4	0.4	0.4
降雨量 P_p/mm	250	250	250	250
泥石流量 V_{dy2}/m^3	602891.4717	83037.9835	132385.1017	436158.8906
泥石流量总和/m^3	1254473.45			

（4）降雨量、发生概率与泥石流流量的关系。根据收集到的研究区域的气象资料，对降雨量、发生概率与泥石流流量的关系进行相关分析，可以得到降雨量和发生概率，如图3.17所示。

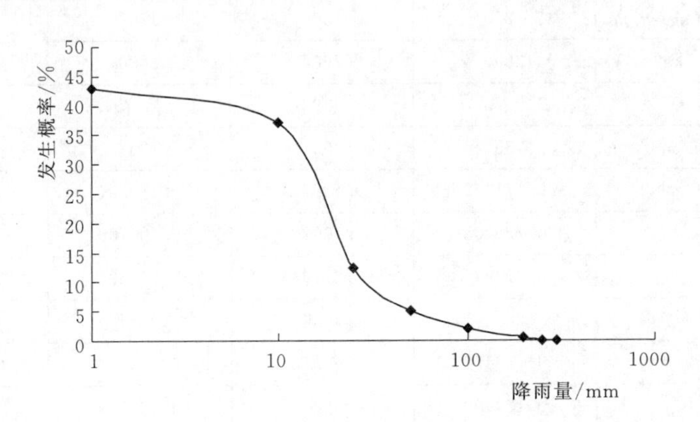

图3.17 降雨量与发生概率图

1）降雨量与泥石流量。降雨量与泥石流流量见表3.11和图3.18。

表3.11 不同降雨量下泥石流流量计算值

降雨量/mm	泥石流流量/m^3	降雨量/mm	泥石流流量/m^3
0	0	100	501789.38
10	50178.94	200	1003578.76
25	125447.34	250	1254473.45
50	250894.69		

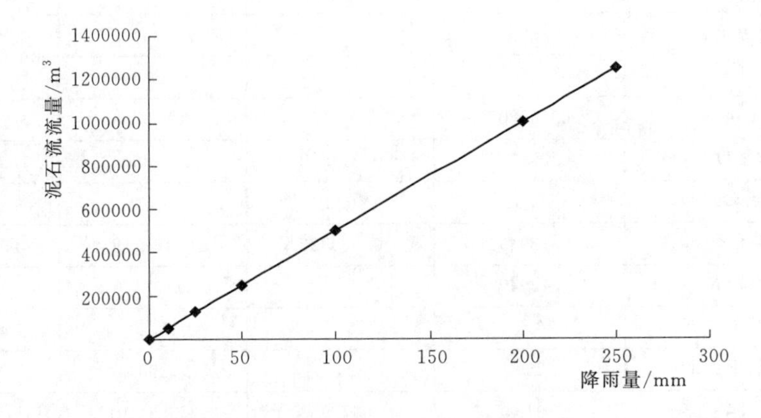

图3.18 降雨量与泥石流流量关系图

2）降水概率与泥石流流量。降水概率与泥石流流量见表3.12和图3.19。

表3.12　　泥石流流量与发生概率表

泥石流流量/m³	发生概率/%	泥石流流量/m³	发生概率/%
0	43.01	501789.38	1.92
50178.94	1003578.76	1003578.76	0.54
125447.34	12.33	1254473.45	0.08
250894.69	4.93	1505368.14	0.05

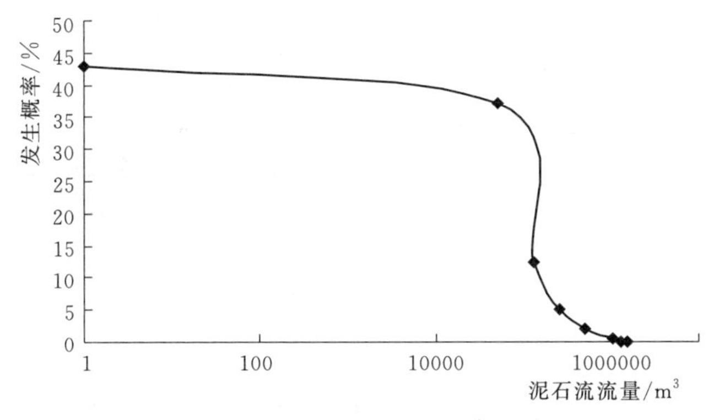

图3.19　泥石流流量与发生概率的关系图

（5）孟底沟泥石流年平均流出泥沙量的计算。泥石流年平均流出土石量的计算不仅对于泥石流风险性评价和泥石流防治工程的建设具有重要的指导意义，而且可以为政府部门防灾减灾决策提供重要的科学依据。泥石流年均流出土石量为对其泥石流流量一发生概率曲线的积分，如图3.20所示。

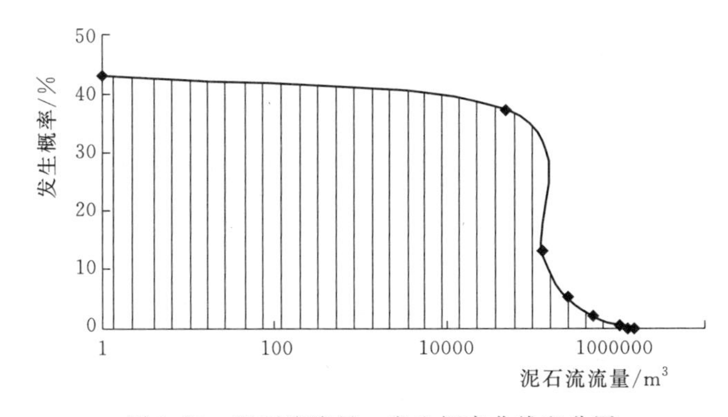

图3.20　泥石流流量一发生概率曲线积分图

由于泥石流流量一发生概率曲线为拟合曲线，不能利用已知函数表达式的方法求出其积分结果，因此，我们可以采取梯形积分的方法计算出泥石流年平均流出土石量，梯形积分计算如图 3.21 和图 3.22 所示。

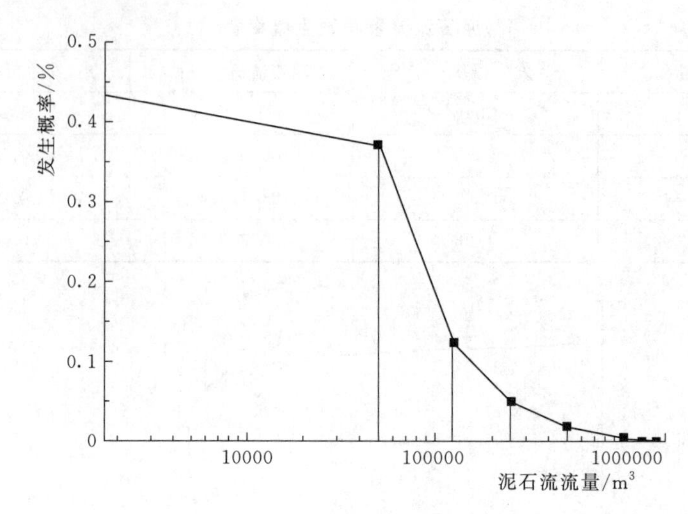

图 3.21 梯形积分方法示意图

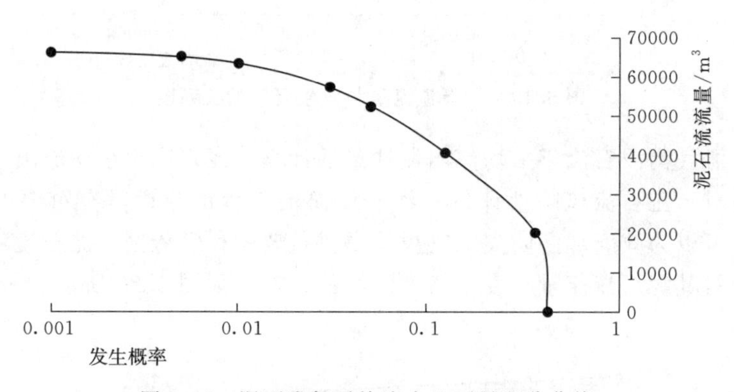

图 3.22 泥石流年平均流出土石量积分曲线

根据图 3.28 的积分曲线可以计算出孟底沟泥石流年平均流出的土石量为 $V_1=65083.34\mathrm{m}^3$。据此可知，若要计算孟底沟泥石流 100 年内预计冲刷流出泥沙量，则有

$$\sum V_{100}=V_1\times 100=65083.34\times 100=6508334\mathrm{m}^3$$

3.2.3 孟底沟库区泥石流流量计算

根据以上方法，应用于孟底沟库区泥石流计算，经遥感及现场地质调查表明，库区共有泥石流沟 21 条，针对孟底沟库区泥石流的定量计算，所用数据中流域面积 A、河谷倾角 θ、河沟长度、平均宽度、平均堆积深度等数据是经

遥感和 GIS 解译得到，水的密度 ρ、泥沙密度 σ、砂内摩擦角 ϕ 、折减系数等数据是由经验类比等得到，泥沙浓度 C_d、流出补正率 K_{f2}、泥沙孔隙率 K_v 等数据是由公式计算得到，经过计算，孟底沟库区泥石流流量见表 3.13 和表 3.14。

表 3.13　　孟底沟可能泥石流总量计算

项目	泥石流流量/m^3	是否考虑折减（折减系数）	折减后泥石流流量/m^3
0 次谷	4103871.56	否	4103871.56
1 次谷	1473077.29	否	1473077.29
崩塌滑坡破坏	780495.23	是（20%）	156099.05
合计			5733047.90

表 3.14　　孟底沟泥石流年均流出土石量

泥石流名称	降雨量/mm	谷型泥石流沟土石量/m^3	坡面体产生土石量/m^3
孟底沟泥石流	10	50178.94	—
	25	125447.34	—
	50	250894.69	—
	100	501789.38	—
	200	1003578.76	—
	250	1254473.45	—
	年均流出土石量	65083.34	

本章在总结泥石流流量一般计算方法的基础上，主要研究了以下几个方面的内容：

（1）泥石流流域内可能存在的土石量计算模型。结合研究区 DEM（Digital Elevation Model）地形图，使用三维系统中的测量工具，判断泥石流汇水区内沟谷类型，提出把泥石流沟谷根据谷口宽度和沟谷深度比值划分为 0 次谷和 1 次谷概念，把泥石流 0 次谷、1 次谷中土石量和崩塌、滑坡等不良地质体所产生的土石量作为泥石流流域内可能存在的土石量，并给出了计算公式。

（2）一次降雨所能搬运的土石量计算模型。在计算一次降雨量所能搬运的土石量时，先把泥石流汇水区内流域进行分类，分为沟谷泥石流和坡面泥石流，某次降雨量所能搬运的土石量等于沟谷泥石流和坡面泥石流流量之和，并分别建立了沟谷泥石流和坡面泥石流流量计算公式。

（3）以孟底沟为例进行了泥石流土石量的计算，并结合当地降雨量的概率统计计算出了孟底沟年均流出泥石流流量。

（4）本计算方法为区域泥石流灾害研究由于现场条件恶劣、无法进行现场调查时提供了一种快速计算泥石流流量的方法，对泥石流灾害应急决策具有重要意义。

第 4 章

泥石流影响范围模型研究

本章图片

4.1 泥石流影响范围经验分析法

泥石流危险范围是泥石流风险评价研究中一个重要内容，泥石流危险范围的预测，可为潜在泥石流危险区评价预测提供重要参考。对于泥石流影响范围的预测，国内外有很多的专家学者进行了研究，国内外学者有的利用统计学原理、有的利用水力学学科知识进行了泥石流影响范围的模型预测，还有许多专家学者利用自己丰富的泥石流实践经验进行现场勘测，来划定泥石流影响范围[101]。我国早期时候是为了配合在泥石流地区进行公路、桥梁建设而开始进行泥石流危险范围研究的[108]。随后，刘希林[70] 建立的单因素泥石流危险范围预测模型：$S=0.606A^{0.3827}$，S 为预测的泥石流危险范围（km^2），A 为泥石流的流域面积（km^2）。此公式可以作为在野外工作时由于缺少相关资料和受到条件限制，但又急需进行泥石流危险范围的概略计算，可以作为一种临时应急的方法。近年来，经过许多泥石流专家学者的不断摸索，对泥石流堆积过程中各因素间的相互关系进行了探讨研究，特别是与 RS 系统和 GIS 技术的结合，使得泥石流影响范围预测研究有了新的发展[109-111]，李阔等运用多元回归分析方法建立了泥石流影响范围预测模型[57]：

$$A=-7990.32+0.5384V+1014.59G+6534.20r_c \tag{4.1}$$

$$L=465.34+71658\times10^{-3}V+6.3707G-221.26r_c \tag{4.2}$$

$$B=33.924+3.0463\times10^{-3}V-1.6403G+9.2197r_c \tag{4.3}$$

$$D=0.1631-2.5190\times10^{-5}V-0.1881G+1.7168r_c \tag{4.4}$$

式中：A 为泥石流堆积体面积，m^2；L 为泥石流最大堆积体长度，m；B

为泥石流最大堆积体宽度，m；D 为泥石流最大堆积体厚度，m；V 为一次泥石流补给量，m^3；G 为泥石流堆积区坡度，(°)；r_c 为泥石流密度，t/m^3。

本节在以上研究的基础上，建立了孟底沟库区区域泥石流影响范围与溪流倾角关系公式，成功模拟相似工程地质条件下高山峡谷地区泥石流影响范围，为今后泥石流影响范围应急决策提供了一种简单快速评价的思路。

4.1.1 研究区概况

四川省雅砻江孟底沟水电站位于雅砻江中游，雅砻江系金沙江的最大支流，发源于青海省巴颜喀拉山南麓，自西北向东南流至呷依寺附近进入四川省境内。此后，大抵由北向南流经四川甘孜、凉山两州，在攀枝花市的倮果注入金沙江。从河源至河口，干流全长 1571km，流域面积约 13.6 万 km^2，天然落差 3830m。该区域地质构造复杂，新构造活动较强烈，第四纪以来的新构造运动以边界断裂继承性差异活动和断块间歇性整体抬升为特点。地形复杂，深切割的高山峡谷地形，是崩塌、滑坡、泥石流发育的有利场所。孟底沟水电站库区地貌属于川西大高原，地势呈现东西两侧高，中部相对较低。雅砻江鲜水河及其支流为典型的高山峡谷地貌景观，河流峡谷狭窄，河流两侧岸坡陡峭，河流水面和谷肩相对高程差达到 500～1000m。

孟底沟水电站上游沿雅砻江分布有多条泥石流沟，本次选取了向沟沟泥石流、牙依河泥石流和鱼儿顶泥石流沟等 20 余条泥石流沟作为研究对象。其中，向沟沟泥石流位于雅砻江上游距坝址 51.1km 处，河流左岸，高程为 2269～4743m；汇水区面积很大，山高坡陡；地质主要为深灰色变质砂岩、砂岩与炭质板岩互层，上游植被覆盖较好，下游植被稀疏。物质来源主要为沟内的崩积和松散堆积物，向沟沟泥石流沟内主要为直坡，坡面不是很稳定，处于成熟期。牙依河泥石流位于雅砻江上游距坝址 48.7km 处，河流右岸，高程为 2303～4015m；汇水区小，地质大部分为二长花岗岩，小部分为深灰色变质砂岩、砂岩与炭质板岩互层，植被较丰富；物质来源主要为汇水区内松散堆积物；沟口堆积区较大，扇面较新鲜。牙依河泥石流沟下切不深，多凸坡，松散堆积物丰富，处于发育期。

4.1.2 麦夸特法拟合泥石流倾斜角-影响宽度曲线

麦夸特法是一种非线性的最小二乘法，采用麦夸特法求解数学模型，收敛迅速，模型的解稳定。应用麦夸特法拟合泥石流倾斜角-影响宽度曲线，得到的结果比较稳定，可以更加准确地反映发生泥石流区域范围内倾斜角与影响宽度的关系，如图 4.1～图 4.3 所示。

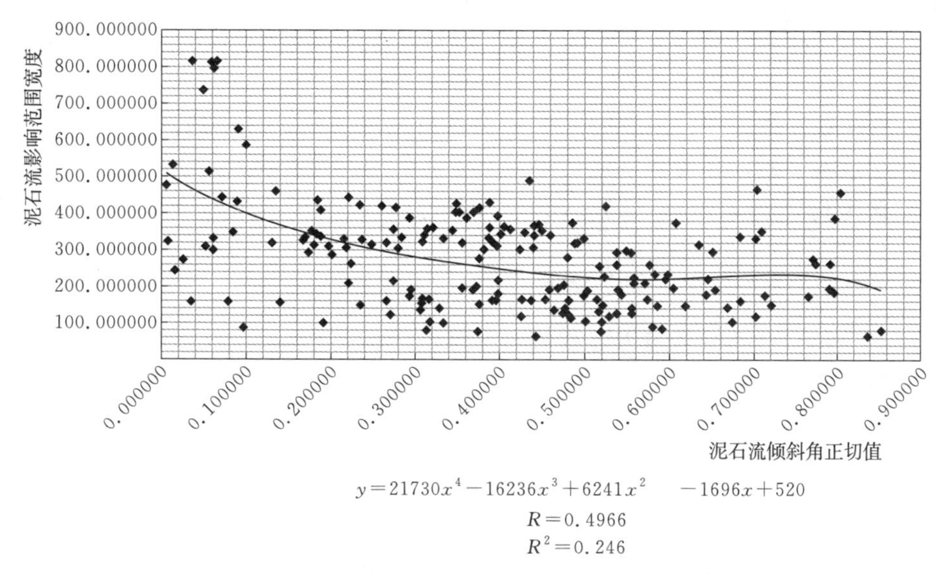

$y=21730x^4-16236x^3+6241x^2-1696x+520$

$R=0.4966$

$R^2=0.246$

图 4.1　泥石流倾斜角正切值与影响范围宽度拟合图

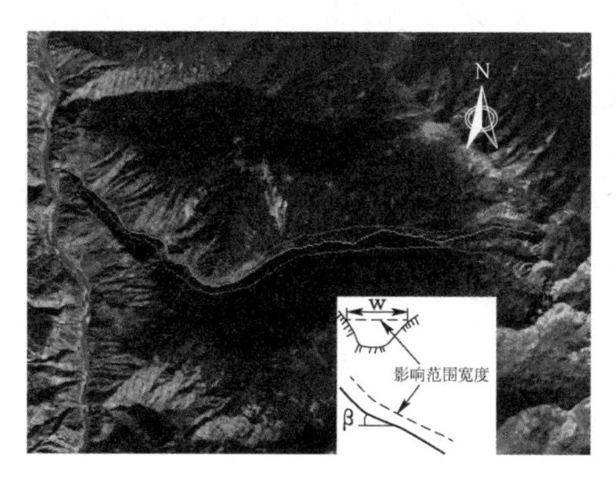

图 4.2　向沟沟泥石流影响范围

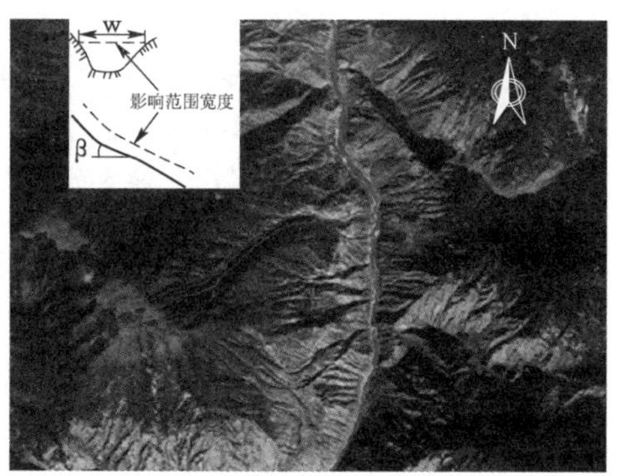

图 4.3　牙依河泥石流影响范围

1. 最小二乘准则

设 x 和 y 两个变量之间的函数关系为

$$y=f(x;C) \tag{4.5}$$

假定函数关系 f 已知，但其参数 $C=(c_1,c_2,\cdots,c_m)$（共 m 个）未知。

现利用 x 和 y 的观测值 $(x_i, y_i), i=1,2,\cdots,n$（共 n 个）对 m 个未知参数作出估计。

一般可表示为使得有样本和参数组成的某个目标函数 d，即 $d=d(x_1,\cdots,x_n;y_1,\cdots,y_n;c_1,\cdots,c_m)$ 取极值。

最常适用的目标函数是取各观测量残差的加权平方和并要求为最小，这一准则称为最小二乘法。

对于误差的处理，一般认为 x 的测量值没有误差或与 y 的误差相比很小可略去或将 x 的误差并入 y 的误差，而变量 y 的测量有误差。

假定观测值 $y_i(i=1,2,\cdots,n)$ 是相互独立的，其相应方差为 $\sigma_i^2(i=1,2,\cdots,n)$，则其权重可表示为：$\omega_i=\dfrac{\sigma^2}{\sigma_i^2}$。

其中，σ^2 为单位权方差，称为标度因子，可任意选定，一般取 $\sigma^2=1$。

定义残差：

$$\upsilon_i=y_i-\hat{y}_i=y_i-f(x_i;\hat{C}) \tag{4.6}$$

其中，$\hat{y}_i$ 为将假定求出的参数估计值 $\hat{C}$ 代入后得到的函数值，称拟合值。

由最小二乘法的准则知 $R=\sum_{i=1}^{n}\omega_i\upsilon_i^2=\sum_{i=1}^{n}\omega_i[y_i-f(x_i;\ C)]^2$ 取最小值。

由极值条件有 $0=\dfrac{\partial}{\partial c_k}\sum_i\omega_i\upsilon_i^2=2\sum_i\omega_i[y_i-f(x_i;C)]\dfrac{\partial f(x_i;C)}{\partial c_k}, k=1,2,\cdots,m$。

得到 m 个方程，称为正则方程。

解方程，得到诸参数的估计值，用 $\hat{C}$ 表示。通过此方法求出来的参数称为参数的最小二乘估计。

2. 麦夸特法——非线性参数的估计

对于非线性参数进行最小二乘拟合，原理跟线性的一致。但具体做法不同。

设要由一组观测值 $(x_i,\ y_i)$，$i=1,\ 2,\ \cdots,\ n$，对函数

$$y=f(x;C)=f(x;c_1,c_2,\cdots,c_m) \tag{4.7}$$

中的非线性参数 $C=(c_1,\ c_2,\ \cdots,\ c_m)(n>m)$ 进行估计。

由最小二乘原理有

$$R=\sum_i\omega_i\upsilon_i^2=\sum_i\omega_i[y_i-f(x;C)]^2 \tag{4.8}$$

求式（4.8）的一阶微分方程，由于微分方程参数是非线性的，因而不能解析求解，必须采用其他办法求解。

解决的一般方法是把非线性参数的函数按泰勒级数展开近似化成线性参数函数形式，然后再按线性参数的估计方法进行。

麦夸特法的基本做法是在求解 δ 方程组时，加了一个“阻尼因子”d（$d \geqslant 0$），即首先给诸参数初值和步长，通过一次迭代找出最快速下降得方向。一次迭代后给出参数估计值和相应的步长，再进一步迭代。直至判断量（一般选 x^2）不变。

3. 拟合泥石流倾斜角-影响宽度曲线

根据孟底沟库区泥石流发生地区的卫星影像，在 ArcGIS 中可以描绘出泥石流的影响范围，同时根据沿该溪流的倾斜角及泥石流影响范围的宽度的关系，见表 4.1。依据麦夸特法可以拟合出以下的关系式：

$$y = 21730x^4 - 16236x^3 + 6241x^2 - 1696x + 520 \tag{4.9}$$

式中：y 为泥石流影响范围的宽度，m；x 为溪流倾角正切值，m。

表 4.1　　孟底沟库区泥石流影响宽度与溪流倾角

序号	倾斜角/(°)	倾斜角正切值	影响范围宽度/m	序号	倾斜角/(°)	倾斜角正切值	影响范围宽度/m
1	17.580175	0.016838	244.49	15	38.408249	0.792825	194.93
2	23.100993	0.026557	273.55	16	29.783674	0.572327	211.56
3	24.833845	0.062782	301.56	17	30.802141	0.596170	220.17
4	17.136927	0.008346	325.09	18	32.829220	0.645178	219.64
5	24.804018	0.062150	332.87	19	25.469347	0.476319	206.42
6	25.898211	0.085535	350.03	20	28.373545	0.540101	190.97
7	27.213623	0.014231	533.54	21	26.754448	0.504139	192.05
8	28.964855	0.053507	310.93	22	20.470564	0.373299	199.85
9	25.626179	0.479682	283.28	23	19.647892	0.357026	196.35
10	20.679087	0.377451	278.04	24	24.706697	0.460090	191.46
11	29.951775	0.576229	262.22	25	27.290699	0.515933	170.05
12	30.932859	0.599267	232.49	26	29.898972	0.575002	162.50
13	21.717243	0.398297	164.11	27	31.792408	0.619843	149.05
14	37.496243	0.767223	173.87	28	29.055304	0.555572	142.68

续表

序号	倾斜角/(°)	倾斜角正切值	影响范围宽度/m	序号	倾斜角/(°)	倾斜角正切值	影响范围宽度/m
29	27.536623	0.521380	146.38	60	17.087248	0.307397	152.35
30	35.817436	0.721685	149.12	61	33.788662	0.669155	142.08
31	27.390783	0.518147	133.50	62	25.581184	0.478716	142.75
32	34.400719	0.684733	160.22	63	20.701719	0.377903	151.41
33	23.723587	0.439460	162.99	64	17.219328	0.309921	151.74
34	27.213623	0.514231	164.82	65	13.248116	0.235434	149.26
35	16.406942	0.294448	174.33	66	14.975499	0.267491	159.90
36	21.825714	0.400492	177.40	67	16.528494	0.296755	188.49
37	28.530800	0.543652	183.13	68	12.547571	0.222566	209.75
38	32.804768	0.644574	182.90	69	15.377977	0.275032	214.21
39	20.229143	0.368506	191.52	70	35.565018	0.715007	175.41
40	21.741413	0.398786	220.44	71	21.458069	0.393065	163.01
41	30.275808	0.583787	233.46	72	24.464602	0.454980	164.12
42	27.681183	0.524593	227.77	73	17.174068	0.309056	167.48
43	25.121815	0.468899	197.25	74	2.038094	0.035586	159.12
44	25.715794	0.481607	163.21	75	8.043526	0.141316	155.43
45	24.964930	0.465563	135.79	76	4.549654	0.079574	158.07
46	15.187907	0.271467	125.08	77	10.848574	0.191639	101.26
47	23.104944	0.426638	119.34	78	5.552126	0.097207	86.79
48	35.103954	0.702915	117.33	79	17.435343	0.314059	82.76
49	25.788538	0.483172	121.21	80	27.477598	0.520070	74.90
50	25.409542	0.475039	124.59	81	39.970284	0.838216	66.18
51	27.851343	0.528386	119.88	82	23.911425	0.443378	66.82
52	28.228907	0.536845	126.43	83	40.493202	0.853876	78.16
53	17.087248	0.307397	136.74	84	20.549097	0.374862	76.99
54	23.124302	0.427038	166.19	85	30.621569	0.591907	84.67
55	31.177738	0.605091	198.94	86	18.524378	0.335068	99.71
56	29.177679	0.558370	222.72	87	17.632109	0.317836	103.26
57	29.194817	0.558762	212.82	88	27.450121	0.519461	104.97
58	33.194683	0.654249	193.74	89	25.863269	0.484782	112.47
59	26.610367	0.500989	176.33	90	26.681458	0.502542	107.70

续表

序号	倾斜角/(°)	倾斜角正切值	影响范围宽度/m	序号	倾斜角/(°)	倾斜角正切值	影响范围宽度/m
91	29.061062	0.555703	130.76	122	20.910294	0.382069	304.28
92	18.221676	0.329203	141.18	123	7.470289	0.131125	319.06
93	17.580175	0.316838	165.89	124	18.479380	0.334195	333.66
94	38.521317	0.796044	184.28	125	2.881086	0.050327	736.80
95	30.361155	0.585786	147.86	126	21.720266	0.398358	394.75
96	34.034538	0.675386	102.62	127	15.532695	0.277939	415.12
97	30.154140	0.580943	90.39	128	38.852558	0.805532	457.64
98	12.684122	0.225069	264.25	129	20.692024	0.377709	416.52
99	14.019587	0.249691	315.66	130	23.816460	0.441396	369.98
100	13.332045	0.236981	326.91	131	10.749754	0.189851	338.20
101	6.067878	0.006302	476.18	132	19.293560	0.350069	427.83
102	19.240200	0.349024	404.08	133	10.447150	0.184385	435.80
103	19.919245	0.362375	389.35	134	4.167419	0.072864	444.18
104	5.199371	0.090996	433.18	135	16.376383	0.293868	390.12
105	15.377977	0.275032	356.20	136	14.660005	0.261599	420.23
106	23.903532	0.443213	343.13	137	9.541010	0.168079	327.64
107	13.415371	0.238517	330.30	138	10.269860	0.181187	315.57
108	10.381052	0.183193	345.51	139	17.211111	0.309764	324.58
109	35.401482	0.710702	351.29	140	9.669263	0.170381	332.79
110	32.442944	0.635671	318.46	141	17.288984	0.311254	340.71
111	28.285305	0.538114	294.25	142	17.834005	0.321720	363.12
112	11.220805	0.198383	310.42	143	10.142240	0.178888	351.61
113	15.895746	0.284777	332.07	144	26.039459	0.488585	320.97
114	7.717099	0.135509	461.29	145	26.250206	0.493150	322.87
115	35.180836	0.704922	466.53	146	22.993877	0.424349	304.33
116	12.505677	0.221799	444.54	147	28.792210	0.549578	300.23
117	13.203105	0.234605	424.70	148	14.975499	0.267491	321.45
118	21.278683	0.389455	431.50	149	19.588844	0.355865	321.79
119	24.136028	0.448076	371.05	150	12.330403	0.218591	307.56
120	15.597776	0.279163	304.01	151	9.928159	0.175034	295.55
121	11.441724	0.202393	288.75	152	23.819105	0.441451	308.24

续表

序号	倾斜角/(°)	倾斜角正切值	影响范围宽度/m	序号	倾斜角/(°)	倾斜角正切值	影响范围宽度/m
153	21.644505	0.396827	315.04	173	24.754183	0.461095	342.07
154	21.247541	0.388829	333.77	174	21.312864	0.390142	327.60
155	26.547909	0.499626	333.09	175	33.128838	0.652609	295.67
156	35.147743	0.704057	333.80	176	37.656849	0.771686	275.14
157	12.207871	0.216351	329.98	177	27.392906	0.518194	257.16
158	21.930449	0.402615	346.98	178	28.261158	0.537570	262.26
159	19.064524	0.345588	354.47	179	37.799007	0.775652	265.21
160	25.977091	0.487238	375.36	180	38.392029	0.792364	266.76
161	31.323946	0.608582	374.93	181	29.103214	0.556666	292.04
162	22.126047	0.406588	366.60	182	34.371559	0.683985	338.86
163	20.312258	0.370154	405.62	183	21.253775	0.388955	363.42
164	10.699969	0.188951	409.67	184	23.627493	0.437461	490.44
165	19.452484	0.353186	405.53	185	24.545704	0.056690	514.90
166	38.574871	0.797572	389.14	186	13.503602	0.100145	588.30
167	27.714523	0.525335	422.68	187	19.936253	0.062711	795.66
168	24.247160	0.450408	355.26	188	14.554721	0.059637	814.63
169	22.461103	0.413418	358.03	189	21.374823	0.091389	630.38
170	17.479757	0.314910	357.83	⋮	⋮	⋮	⋮
171	23.302923	0.430729	349.07	1479	9.419065	0.065891	818.98
172	23.779375	0.440623	342.90	1480	13.371005	0.037699	816.36

4.1.3 应用倾斜角-影响宽度曲线模拟泥石流影响范围

选取盂底沟库区鱼儿顶泥石流作为模拟对象进行关系式的验证，依据泥石流溪流倾斜角及泥石流的影响范围宽度的关系式即可得到区域内鱼儿顶泥石流最终的影响范围宽度，经与卫星影像图上描绘出的鱼儿顶泥石流实际影响宽度进行比对，偏差不大，见表 4.2。

表 4.2　鱼儿顶泥石流沟影响范围预测宽度与实际宽度一览表

序号	坡度/(°)	正切值	预测宽度/m	实际宽度/m	序号	坡度/(°)	正切值	预测宽度/m	实际宽度/m
1	16.6	0.30	284.99	282.87	6	24.7	0.46	231.51	275.01
2	23.9	0.44	235.23	216.1	7	23.3	0.43	238.10	268.3
3	32.1	0.63	225.45	231.39	8	32.3	0.63	225.94	255.54
4	24.0	0.45	234.78	233.42	9	31.0	0.60	223.06	195.47
5	27.4	0.52	223.02	248.32	10	23.1	0.43	239.41	184.08

续表

序号	坡度/(°)	正切值	预测宽度/m	实际宽度/m	序号	坡度/(°)	正切值	预测宽度/m	实际宽度/m
11	14.9	0.27	299.26	199.22	40	13.6	0.24	310.25	287.68
12	22.0	0.40	245.66	179.41	41	18.5	0.33	269.95	194.91
13	18.9	0.34	267.15	242.27	42	13.5	0.24	311.28	283.71
14	8.3	0.15	364.44	335.35	43	10.4	0.18	341.04	368.86
15	19.2	0.35	265.08	225.72	44	10.7	0.19	338.00	277.48
16	19.3	0.35	264.19	109.05	45	27.3	0.52	223.16	202.43
17	7.7	0.14	371.10	207.32	46	15.0	0.27	298.60	232.48
18	18.5	0.34	269.92	201.01	47	7.3	0.13	375.97	224.48
19	20.7	0.38	254.12	202.51	48	13.3	0.24	312.86	295.63
20	22.0	0.40	246.04	205.55	49	15.2	0.27	296.35	294.25
21	10.6	0.19	338.37	302.1	50	8.4	0.15	362.35	292.75
22	19.1	0.35	265.53	191.09	51	22.8	0.42	241.16	189.12
23	26.4	0.50	225.33	190.15	52	21.4	0.39	249.32	181.5
24	8.8	0.15	358.58	303.04	53	12.5	0.22	319.95	221.22
25	22.7	0.42	241.68	220.15	54	15.9	0.29	290.61	245.76
26	30.9	0.60	222.88	194.03	55	16.4	0.29	286.57	257.64
27	24.2	0.45	233.68	180.2	56	21.6	0.40	248.09	183.08
28	9.6	0.17	348.79	287.35	57	15.8	0.28	291.63	158.04
29	13.1	0.23	315.04	309.46	58	38.2	0.79	229.90	173.53
30	8.1	0.14	365.81	314.28	59	22.2	0.41	244.65	202.32
31	25.4	0.47	228.82	210.19	60	28.3	0.54	221.79	193.94
32	20.2	0.37	257.57	179.55	61	13.4	0.24	311.87	275.92
33	17.6	0.32	277.35	220.28	62	15.5	0.28	294.40	264.83
34	15.0	0.27	298.47	205.04	63	14.8	0.26	299.68	250.75
35	15.9	0.28	291.06	222.07	64	24.8	0.46	231.22	147.21
36	15.6	0.28	293.47	219.44	65	18.0	0.33	273.62	146.96
37	12.7	0.23	318.21	301.57	66	34.4	0.68	232.23	239.18
38	28.5	0.54	221.57	182.92	67	29.9	0.58	221.61	239.62
39	19.5	0.35	262.60	182.32	68	29.1	0.56	221.35	226.23

续表

序号	坡度/(°)	正切值	预测宽度/m	实际宽度/m	序号	坡度/(°)	正切值	预测宽度/m	实际宽度/m
69	23.9	0.44	235.15	218.28	85	43.3	0.94	31.29	79.24
70	19.4	0.35	263.14	220.27	86	16.4	0.29	287.00	231.75
71	25.7	0.48	227.53	119.93	87	40.6	0.86	186.96	263.69
72	41.0	0.87	172.18	128.21	88	37.0	0.75	235.41	269.43
73	24.9	0.46	230.55	231.85	89	18.8	0.34	267.88	269.31
74	21.9	0.40	246.20	231.89	90	26.7	0.50	224.62	256.99
75	31.6	0.61	224.15	239.07	91	22.3	0.41	243.90	242.51
76	28.0	0.53	222.08	244.49	92	32.1	0.63	225.44	255.66
77	32.1	0.63	225.54	242.07	93	39.3	0.82	216.89	297.73
78	29.7	0.57	221.46	244.46	94	41.0	0.87	174.47	313.86
79	15.1	0.27	297.65	250.54	95	25.5	0.48	228.42	336.56
80	29.9	0.58	221.62	158.93	96	40.3	0.85	196.28	239.11
81	32.9	0.65	227.69	151.53	97	32.0	0.63	225.23	215.91
82	28.5	0.54	221.62	228.43	98	35.8	0.72	235.54	294.92
83	23.8	0.44	235.67	143.76	99	13.9	0.25	307.74	351.94
84	26.3	0.49	225.78	146.92	100	36.9	0.75	235.57	316.43

基于 ArcGIS 地形图，依据泥石流溪流倾斜角与泥石流的影响范围宽度的关系式亦可得到鱼儿顶泥石流最终的影响范围图。如图 4.4 所示，计算得到的影响范围与在卫星影像图上描绘的泥石流影响范围对比，基本一致，说明预测公式具有一定的可操作性；计算得到的影响范围偏大，说明预测公式偏于保守。

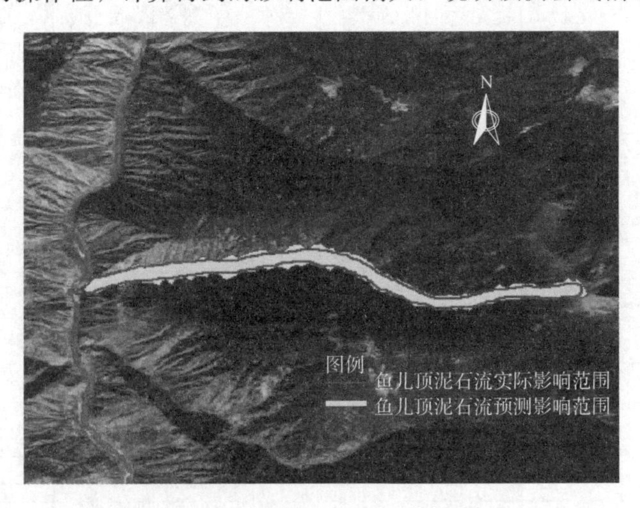

图 4.4　鱼儿顶泥石流沟影响范围图

4.1.4 小结

多数经验公式是建立在试验与观测的基础上，具有一定的科学性，但经验公式具有极强的地域特性，其中许多参数都是根据特定的地域，经过长期的观测总结出来的，要将用于不同的流域往往十分困难。本书在前人研究的基础上，创造性地提出孟底沟库区区域泥石流影响范围与倾角关系统计公式，成功模拟了相似工程地质条件下高山峡谷地区泥石流影响范围，为今后泥石流影响范围应急决策提出一种简单、快速评价的思路。

4.2 基于泥石流流量的泥石流影响范围研究

泥石流是一种饱含大量泥沙石块的固液两相流体，暴雨情况下经常发生在山区，泥石流借助本身重力产生的势能沿着山坡高速向下流动，沿途填平沟谷淤积河道，摧毁房屋、道路和耕地等，对下游的人员生命和财产安全会造成严重的威胁。泥石流影响范围预测是泥石流风险评价的重要内容之一。

4.2.1 泥石流影响范围数值模型

1. 模型的提出

为了评估泥石流的影响范围，假定泥石流的体积守恒，即影响区域内泥石流的堆积体积量和发育体积量相等，如图 4.5 所示。

$$V=\int_0^T Q(t)\mathrm{d}t=KQ_{\max} \tag{4.10}$$

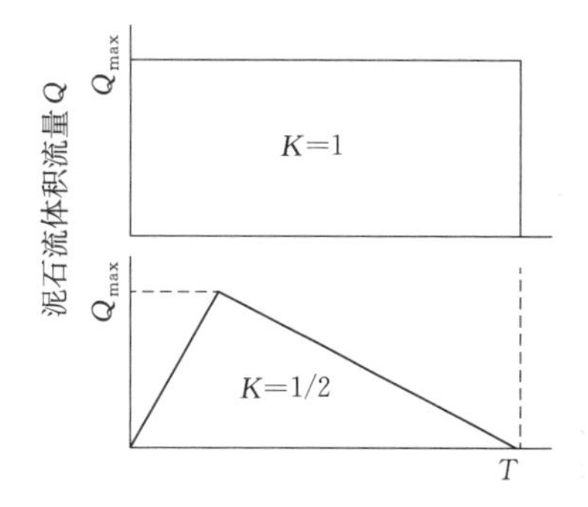

图 4.5 泥石流体积流量与时间之间的关系图

式中：V 为总泥石流体积，m^3；$Q(t)$ 是山谷横截面的泥石流截面积，m^2；$Q_{\max}$ 为最大瞬时（峰值）时横截面的体积排放，m^3；t 为时间，s；T 为总泥石流通过的横截面所需的时间，s；K 由泥石流的形状决定，K 的范围为 $0<K<1$，但值 $K\sim1/2$ 是适合大多数泥石流的，无量纲。

2. 理想的泥石流淹没区预测模型

图 4.6 为一个理想的泥石流淹没区预测模型，H 为泥石流锥坡垂直距离，L 为泥石流初始沉积的水平距离，A 为泥石流初始沉积的横截面积，m^2；B 为泥石流影响的平面面积，m^2。

3. 泥石流淹没区横截面 A 分析

假设泥石流流量体积守恒，由式（4.10）可得

$$Q_{\max}=A_{\max}U \tag{4.11}$$

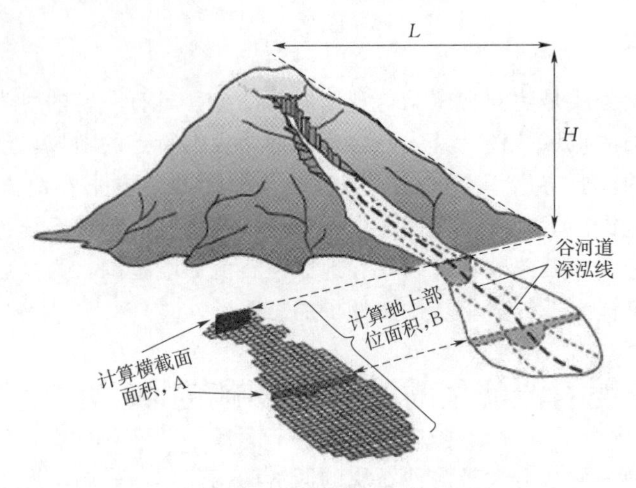

图 4.6 理想的泥石流淹没区预测模型

式中：Q_{max} 为泥石流通过横截面的最大瞬时（峰值）体积，m^3；A_{max} 为泥石流最大瞬时横截面面积，m^2；U 为泥石流经山谷截面的平均流速，m/s。

由水力学知识得知 $U \sim \sqrt{gR}$ ，其中 g 为重力加速度，R 为淹没山谷截面的水力半径。定义中，$R=A/P$，其中 A 为山谷淹没的截面积，P 为山谷润湿周长（图 4.7）。$U \sim \sqrt{gR}$ 与式（4.11）相结合，可以得到最大瞬时排出比例 $Q_{max}-A_{max}\sqrt{gR}$ 。通过这个比例，可以定义无量纲洪峰流量为

$$Q^*_{max}=\frac{Q_{max}}{A_{max}\sqrt{gR}} \tag{4.12}$$

式中：特征尺度 A_{max} 的出现对应于特征速度 $\sqrt{gR}$ 。反过来，这一特征时间尺度可以从特征长度和速度尺度的比 $^{\sqrt{gR}}A_{max}$ 中得出，有了这个时间尺度，定义无量纲的泥石流持续时间的横截面为

$$T^*=\frac{T}{A\sqrt{gR}_{max}} \tag{4.13}$$

把方程式（4.12）和式（4.13）代入方程式（4.10），取消冗余计算，可以获得一个无量纲的泥石流体积守恒方程：

$$V^*=V/A_{max}^{3/2^{**}_{max}} \tag{4.14}$$

$$A=CV^{2/3} \tag{4.15}$$

A 为 A_{max} 的简记。假定 C 为常数，则 $A \propto V^{2/3}$ 。

计算式（4.15）提供了一种计算泥石流横向截面面积的方法，并可计算得到泥石流在山谷中淹没的截面形状。由于式（4.15）忽略了下游的衰减，它提

供了泥石流沉积淹没的横截面积的最大保守估计，如图 4.7 所示。

4. *泥石流淹没区平面面积 B 分析*

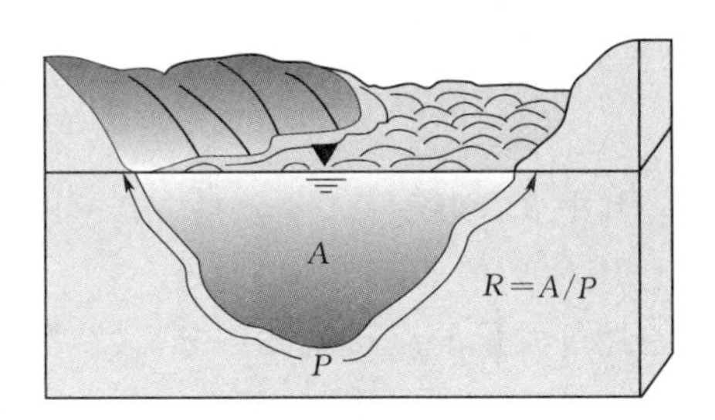

图 4.7 泥石流通过某个山谷的淹没水力半径 R 的定义

因为式（4.15）意味着泥石流向下游流到无穷远处，相反，泥石流在向下游流动时，它们会慢慢失去动力沉积下来。为了计算泥石流淹没区的平面测量面积和下游淹没的最远侧边界，还需要另建一个方程，来确定泥石流淹没区的前端淹没边界。由于假定泥石流的体积守恒，即影响区域内泥石流的堆积体积量和发育体积量相等，作为一个合理的近似分析，因此，把泥石流沉积量定为常数。

$$V=\int_B h\,\mathrm{d}\beta=\bar{h}B \tag{4.16}$$

式中：β 为泥石流堆积平面范围的无穷小平面测量单元，m^2；B 为总平面测量面积，m^2；h 为垂直于水平面泥石流沉积厚度，m。

在区域 B 中 h 的平均值为 $\bar{h}$ 。如果泥石流路径基本相似（即具有相同的几何相似，唯一不同的是大小），则 $\bar{h}\propto B^{1/2}$。然而，即使泥石流路径在平面测量的形状明显不同，$\bar{h}\propto B^{1/2}$ 也大致适用。当 $\bar{h}/\sqrt{B}$ 大致恒定（图 4.8），通常情况下，$\bar{h}/\sqrt{B}\ll 1$，因为泥石流的路径以影响范围面积为主要特征。假设 ε 是一个很小的常数，记为将 $\varepsilon=\bar{h}/\sqrt{B}$ ，则将 $\bar{h}=\varepsilon/\sqrt{B}$ 代入式（4.16）可以得到

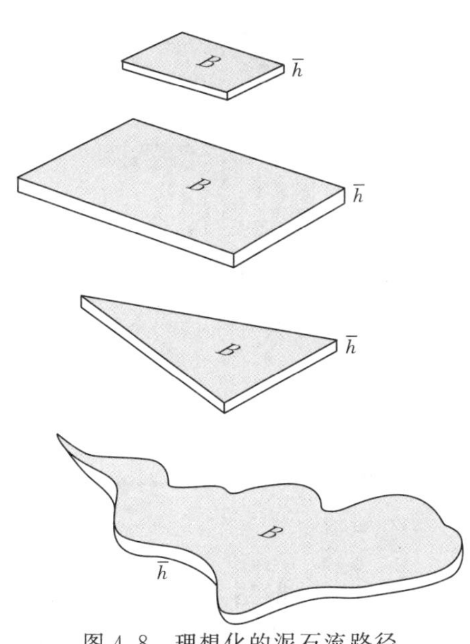

图 4.8 理想化的泥石流路径几何关系与 $\bar{h}/\sqrt{B}$ 常数

$$B=cV^{2/3} \tag{4.17}$$

式中 $c=\varepsilon^{-2/3}$ 是一个假设的常数，$c\gg 1$。

5. *泥石流淹没区模型的建立*

把式（4.15）和式（4.17）进行对数转化，可以得到

$$\lg A = \lg C + \frac{2}{3}\lg V \tag{4.18}$$

$$\lg B = \lg c + \frac{2}{3}\lg V \tag{4.19}$$

其中 2/3 是斜率，$\lg c$ 是 $\lg A - \lg V$ 图上 A 对 V 的截距，$\lg c$ 是 $\lg B - \lg V$ 图上 B 对 V 的截距。

经过大量的泥石流案例分析发现，泥石流形成发展的过程十分有规律，截面面积 A 和平面面积 B 都是泥石流总量的函数，具体公式如下：

$$A = 0.05V^{2/3} \tag{4.20}$$

$$B = 200V^{2/3} \tag{4.21}$$

因此根据这两个边界条件，就可以进行泥石流影响范围的模拟。

6. 算法的实现

在 GIS 中，可以通过 DEM 分析，计算泥石流的中心流径，然后再从始发处逐个流经点判断每个边界条件，直到满足条件。具体为读取每个区块的高程，通过高程逐个截面计算泥石流流经区域，当截面满足 A 时，判断是否平面满足 B，如果不满足则继续下游临近截面的计算，依次类推。这样就可以快速地模拟出泥石流的影响范围，如图 4.9 所示。

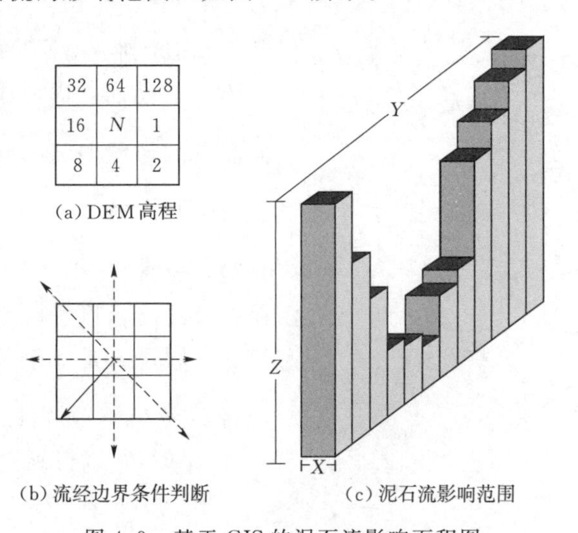

图 4.9 基于 GIS 的泥石流影响面积图

在 GIS 中，可以通过 DEM 分析地势的走向，一般用八方位表示，如图(a)，例如向东流动为 1，向西为 16，那么在每一个径流点都进行 A 截面积分析，最后通过总体积恒定条件进行收敛，如图 4.10 所示。

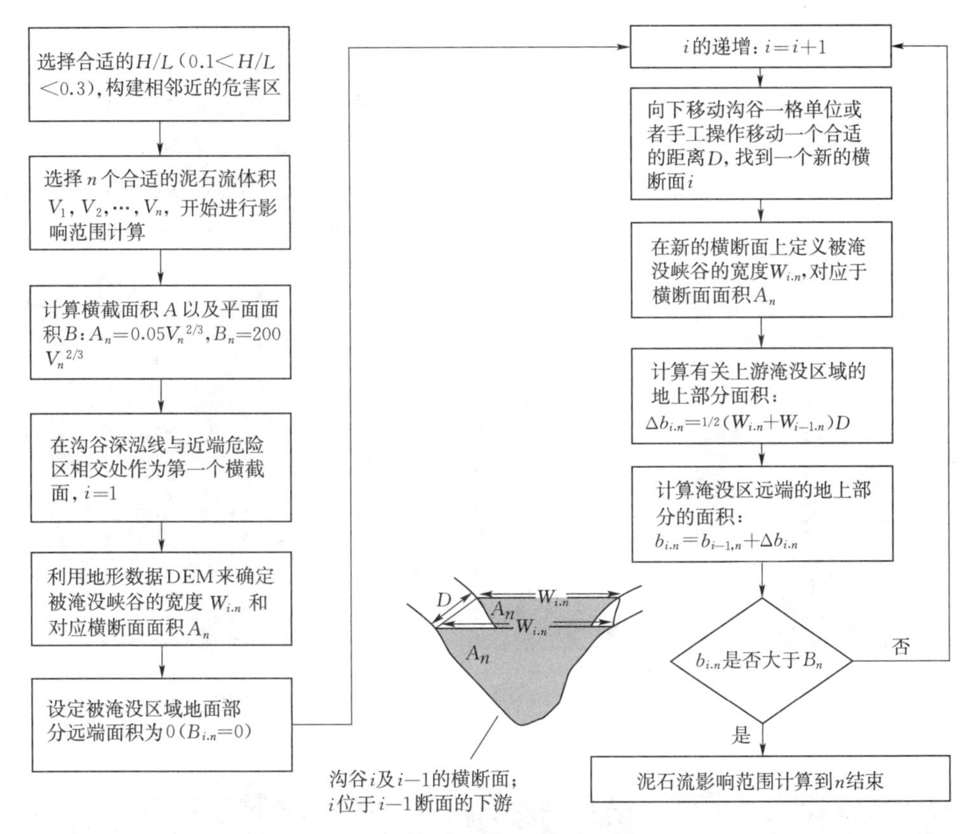

图 4.10 泥石流影响范围算法流程图构造示意图

4.2.2 实例计算

在第 3 章基于三维遥感系统泥石流土石量计算方法研究中，利用泥石流 0 次谷和 1 次谷计算了孟底沟泥石流土石量，现在以孟底沟为例采用本模型进行泥石流堆积影响范围的计算。

1. 计算程序的准备

本模拟其操作环境为 ArcInfo Workstation 9.0 及以上，利用 GIS 中一个 aml 程序进行。

2. 数据的准备

将 ArcInfo Workstation 9.0 安装到计算机系统盘中，并在 Workstation 目录下导入 aml 程序和研究区域孟底沟的 DEM 数据。一般选择 DEM 的精度为 50～100m，因为如果研究区 DEM 精度过大时，将会使计算泥石流影响范围的时间过长，不利于泥石流影响范围的快速模拟。

3. 程序的运行

根据 aml 程序的运行输入相应的参数，分别生成地表水文栅格文件、临近危险区边界、流动属性。在生成临近危险区边界时，需要填写高宽比 H/L 数值，一般情况假设坡角为 10°，高宽比 H/L 取 0.150。在选择作为控制高宽比的山顶时，把山顶选在了孟底沟主沟后沿的山脊上。所生成的孟底沟 DEM、山顶的选取、临近危险区边界、水系、泥石流起点和终点如图 4.11～图 4.16 所示。

图 4.11 孟底沟 DEM

图 4.12 孟底沟山顶的选取

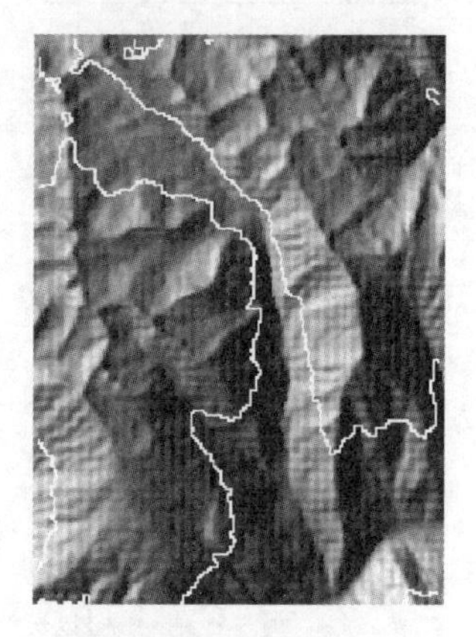

图 4.13 孟底沟泥石流临近危险区边界

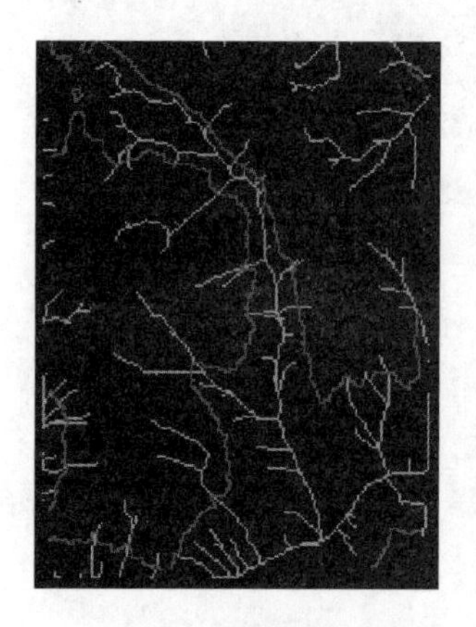

图 4.14 孟底沟水系

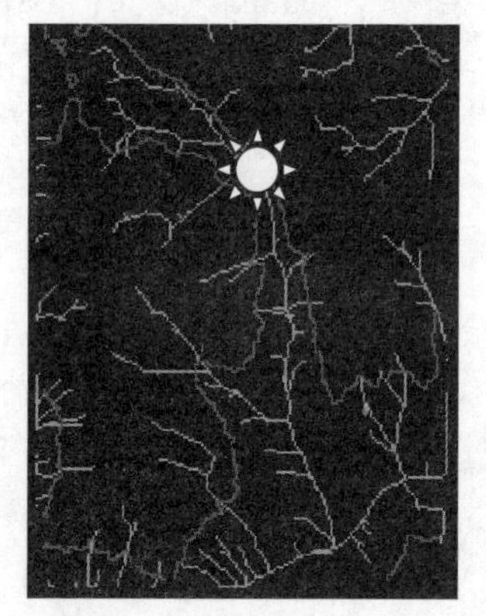

图 4.15 孟底沟泥石流起点

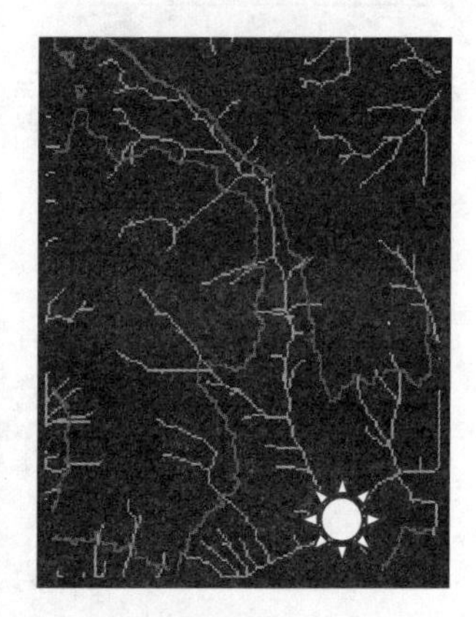

图 4.16 孟底沟泥石流终点

4. 预测孟底沟泥沙流堆积范围

利用第 4 章计算出孟底沟泥石流的降雨量分别为 10mm、25mm、100mm 和 250mm 时所对应的泥石流土石量，填入的 4 种流量规模分别是 1260000m^3、500000m^3、125000m^3、50000m^3。

在 ArcGIS 中将不同流量规模下模拟得到的结果，再加入航拍影像的图层，就能够很直观明确地看到不同泥石流流量规模下的泥石流堆积范围，从而预测孟底沟的泥石流危害范围，做出危险性评价。图 4.17 为孟底沟不同泥石流流量下的堆积区影响范围。

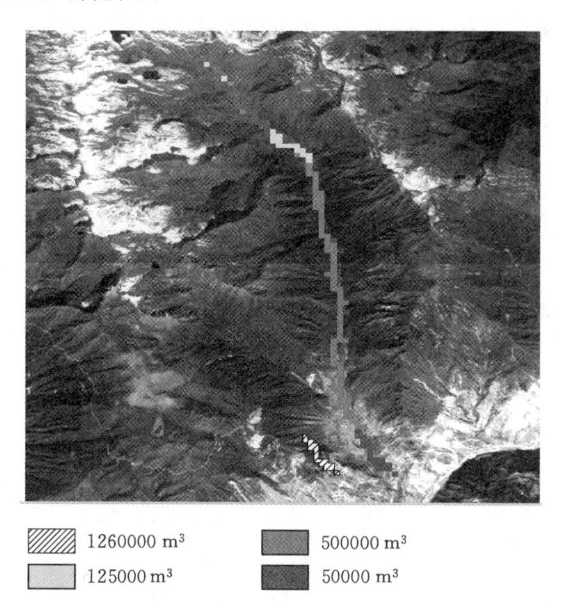

图 4.17 孟底沟不同泥石流流量下的堆积区影响范围

4.3 泥石流二维数值模拟验证

泥石流是在重力作用下，由沙粒、石块和水等组成的固液混合物，是一种发生于山区的复杂的地质灾害现象。泥石流主要是由于暴雨诱发引起的，它沿着复杂的三维地形高速运动，具有流体流动的特性。

4.3.1 泥石流运动过程控制方程

模拟泥石流需要建立能够很好模拟固液混合物的流变模型。最近几十年来，国内外学者一直致力于研究寻找一种合适的流变模型来模拟泥石流形成和运动的规律，预测泥石流的影响范围。泥石流的流变特性取决于多种因素，主要因素有泥石流流体中水和砂砾的浓度、流体的黏性、流体中砂砾的形状大小及其分布规律、流体中砂砾与河床底部的摩擦程度和泥石流流体中的水压力等[112]。许多专家学者依据泥石流的流变特性已经开发出各种泥石流流变模型，归纳总结以往的研究成果，泥石流的流变特性模型有如下几种：

（1）牛顿流变模型[113-115]。

$$\tau = \mu \frac{\mathrm{d}u}{\mathrm{d}y} \tag{4.22}$$

式中：τ 为剪切应力，kPa；μ 为流体中的黏性系数，无量纲。

（2）线性黏塑性模型，即宾汉（Bingham）流变模型[116-118]。

$$\tau = \tau_y + \mu\gamma \tag{4.23}$$

式中：τ_y 为屈服极限，无量纲；γ 为剪应变，$\gamma = \frac{\mathrm{d}u}{\mathrm{d}y}$ %。

（3）膨胀模型[119]。

$$\tau = \tau_y + \mu\gamma + \xi\gamma^2 \tag{4.24}$$

式中：ξ 为紊流中的分散参数，无量纲。

（4）巴尔克莱（Bulkley）流变模型[120-122]。

$$\tau = \tau_y + \mu\gamma^n \tag{4.25}$$

当 $0 \leqslant n \leqslant 1$，$n = 1/3$ 时，为巴尔克莱流变模型；当 $n = 1$ 时，为宾汉流变模型。

（5）双线性流变模型[112,121]。

$$\tau = \tau_y + \mu\gamma + \frac{\tau_y \gamma_0}{\gamma + \gamma_0} \tag{4.26}$$

式中：γ_0 为剪应变，%，表征牛顿流体向宾汉流体转变的特征参数。

上述流变模型的关系如图 4.18 所示。由于膨胀模型、巴尔克莱流变模型和双线性流变模型表达式复杂，所需参数较难获取，在实际应用中很少应用[123]。

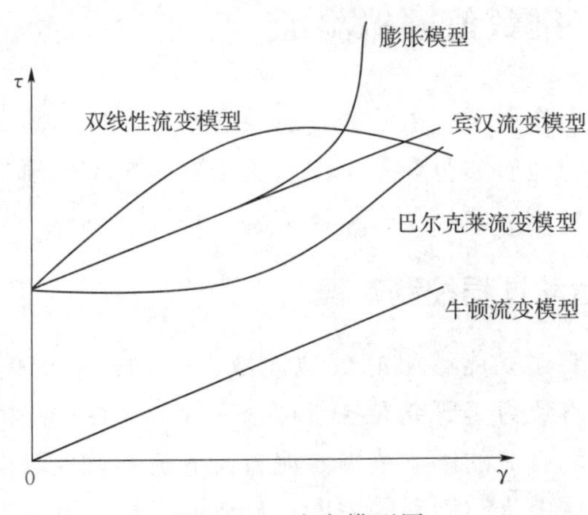

图 4.18　流变模型图

假定降雨诱发的泥石流是连续运动的流体[124-126]，同时忽略泥石流运动过程中砂砾之间的相互摩擦，将泥石流概化为均匀、连续和不可压缩的非定常的牛顿紊流流体，而且其遵守质量连续方程和纳维叶-斯托克斯（Navier -

Stokers）方程。其连续方程为

$$\frac{\partial u}{\partial x}+\frac{\partial v}{\partial y}+\frac{\partial w}{\partial z}=0 \tag{4.27}$$

纳维叶-斯托克斯方程为

$$\rho_d\left(\frac{\partial u}{\partial t}+u\frac{\partial u}{\partial x}+v\frac{\partial u}{\partial y}+w\frac{\partial u}{\partial z}\right)=-\frac{\partial p}{\partial x}+\mu\left(\frac{\partial^2 u}{\partial x^2}+\frac{\partial^2 u}{\partial y^2}+\frac{\partial^2 u}{\partial z^2}\right) \tag{4.28}$$

$$\rho_d\left(\frac{\partial v}{\partial t}+u\frac{\partial v}{\partial x}+v\frac{\partial v}{\partial y}+w\frac{\partial v}{\partial z}\right)=-\frac{\partial p}{\partial y}+\mu\left(\frac{\partial^2 v}{\partial x^2}+\frac{\partial^2 v}{\partial y^2}+\frac{\partial^2 v}{\partial z^2}\right) \tag{4.29}$$

$$\rho_d\left(\frac{\partial w}{\partial t}+u\frac{\partial w}{\partial x}+v\frac{\partial w}{\partial y}+w\frac{\partial w}{\partial z}\right)=\rho_d g-\frac{\partial p}{\partial z}+\mu\left(\frac{\partial^2 w}{\partial x^2}+\frac{\partial^2 w}{\partial y^2}+\frac{\partial^2 w}{\partial z^2}\right) \tag{4.30}$$

式中：u、v、w 分别为沿 x、y、z 方向的速度，m/s；ρ_d 为泥石流的平均密度，$\rho_d=\rho_s v_s+\rho_w v_w$，kg/m^3；$\rho_s$ 为泥石流中砂粒石块的密度，kg/m^3；ρ_w 为泥石流中洪水的密度，kg/m^3；v_s 为泥石流中砂粒石块的体积比，无量纲；v_w 为泥石流中洪水的体积比，无量纲；p 为压力，kPa；g 为重力加速度，m/m^2；t 为时间，s。

泥石流的流深、流长和流宽是泥石流流场的三个特性，由于泥石流的流深远小于流长和流宽，故泥石流在流深方向的变化量与泥石流的流长和流宽方向的变化量相比非常微小，所以式（4.30）在 z 方向上的方程式可以简写为

$$\rho_d g-\frac{\partial p}{\partial z}=0 \tag{4.31}$$

式（4.31）在图 4.19 所示的坐标系统中沿 z 方向上的积分为

$$p=\rho_d g(\eta-\eta_b) \tag{4.32}$$

图 4.19 中 $z=\eta_b$ 为泥石流地形标高，$z=\eta$ 为泥石流的上表面。

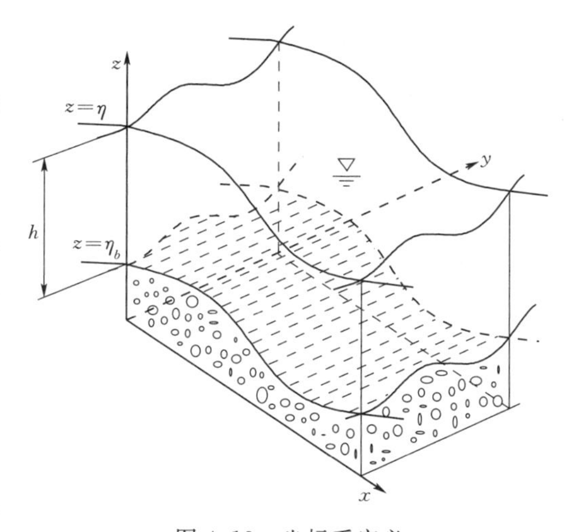

图 4.19　坐标系定义

为了方便三维连续方程和纳维叶-斯托克斯方程在泥石流深度方向 z 上进行积分，可以将泥石流深度方向 z 上进行积分的平均速度定义为

$$\bar{u}=\frac{1}{h}\int_{\eta_b}^{\eta}u\,\mathrm{d}z \tag{4.33}$$

$$\bar{v}=\frac{1}{h}\int_{\eta_b}^{\eta} v\mathrm{d}z \tag{4.34}$$

对方程式（4.27）进行积分，可以得到如下方程：

$$\int_{\eta_b}^{\eta}\left(\frac{\partial u}{\partial x}+\frac{\partial v}{\partial y}+\frac{\partial w}{\partial z}\right)\mathrm{d}z=\frac{\partial}{\partial x}\int_{\eta_b}^{\eta} u\mathrm{d}z+\frac{\partial}{\partial y}\int_{\eta_b}^{\eta} v\mathrm{d}z-\left(u\,\frac{\partial \eta}{\partial x}+v\,\frac{\partial \eta}{\partial y}-w\right)\bigg|_{z}$$

$$=\eta+\left(u\,\frac{\partial \eta}{\partial x}+v\,\frac{\partial \eta}{\partial y}-w\right)\bigg|_{z}=\eta_b \tag{4.35}$$

在泥石流自由表面和地形标高处，运用运动边界条件，可以得到

在 $z=\eta_b$ 时，
$$u\,\frac{\partial s}{\partial x}+v\,\frac{\partial z}{\partial y}-w=0 \tag{4.36}$$

在自由表面 $z=\eta$ 时，

$$\frac{\partial z}{\partial t}+u\,\frac{\partial z}{\partial x}+v\,\frac{\partial z}{\partial y}-w=0 \tag{4.37}$$

当泥石流流深 $h=(x，y，t)=\eta-\eta_b$，得到

$$\frac{\partial h}{\partial t}=\frac{\partial(\eta-\eta_b)}{\partial t} \tag{4.38}$$

将式（4.33）、式（4.36）～式（4.38）代入式（4.35），得到泥石流连续方程在深度 z 方向上的积分式如下：

$$\frac{\partial h}{\partial t}+\frac{\partial M}{\partial x}+\frac{\partial N}{\partial y}=0 \tag{4.39}$$

式中：h 为泥石流的深度，m；M、N 分别为 x 和 y 方向的流量，$M=\bar{u}h$、$N=\bar{v}h$。

将方程式（4.38）左边积分为

$$\int_{\eta_b}^{\eta}\left(\frac{\partial u}{\partial t}+u\,\frac{\partial u}{\partial x}+v\,\frac{\partial u}{\partial y}+w\,\frac{\partial u}{\partial z}\right)\mathrm{d}z=\int_{\eta_b}^{\eta}\left[\frac{\partial u}{\partial t}+\frac{\partial}{\partial x}(uu)+\frac{\partial}{\partial y}(uv)+\frac{\partial}{\partial z}(uw)\right]\mathrm{d}z$$

$$=\frac{\partial}{\partial t}\int_{\eta_b}^{\eta} u\mathrm{d}z+\frac{\partial}{\partial x}\int_{\eta_b}^{\eta} u^2\mathrm{d}z+\frac{\partial}{\partial y}\int_{\eta_b}^{\eta} u^2\mathrm{d}z-u\left(\frac{\partial u}{\partial t}+u\,\frac{\partial u}{\partial x}+v\,\frac{\partial u}{\partial y}-w\right)\bigg|_{z=\eta_b}^{z=\eta} \tag{4.40}$$

由

$$\int_{\eta_b}^{\eta} u^2\mathrm{d}z=\alpha_1 h\bar{u}^2=\alpha_1\bar{u}M \tag{4.41}$$

$$\int_{\eta_b}^{\eta} uv\mathrm{d}z=\alpha_2 h\bar{u}\bar{v}=\alpha_2\bar{v}M \tag{4.42}$$

式中：α_1、α_2 为特殊系数，作为速度的补正系数，无量纲，当泥石流速度剖面图是直线式时，$\alpha_1=\alpha_2=1$；当泥石流速度剖面图是抛物线式并且没有发生基底滑动时，$\alpha_1=\alpha_2=6/5$；当水石流在粗糙斜面流动时，$\alpha_1=\alpha_2=1.25$。

记 $\alpha=\alpha_1=\alpha_2$，可以得到

$$\int_{\eta_b}^{\eta}\left(\frac{\partial u}{\partial t}+u\frac{\partial u}{\partial x}+v\frac{\partial u}{\partial y}+w\frac{\partial u}{\partial z}\right)\mathrm{d}z=\frac{\partial M}{\partial t}+\alpha\frac{\partial(uM)}{\partial x}+\alpha\frac{\partial(vM)}{\partial y} \tag{4.43}$$

此外，进一步分项积分方程式（4.28）的右边，得

$$\int_{\eta_b}^{\eta}\frac{\partial p}{\partial x}\mathrm{d}z=\frac{\partial}{\partial x}\int_{\eta_b}^{\eta}\rho_d g(\eta-\eta_b)\mathrm{d}z=\rho_d hg\frac{\partial H}{\partial x} \tag{4.44}$$

这里 $H=z=\eta_b+h$，H 为泥石流的上表面高程。类似地，可以得到如下式：

$$\frac{\mu}{\rho_d}\int_{\eta_b}^{\eta}\frac{\partial^2 u}{\partial x^2}\mathrm{d}z=\frac{\mu\beta_1}{\rho_d}\frac{\partial^2 h\bar{u}}{\partial x^2} \tag{4.45}$$

$$\frac{\mu}{\rho_d}\int_{\eta_b}^{\eta}\frac{\partial^2 u}{\partial y^2}\mathrm{d}z=\frac{\mu\beta_2}{\rho_d}\frac{\partial^2 h\bar{u}}{\partial y^2} \tag{4.46}$$

式中：β_1、β_2 分别为垂直正应力之比和水平正应力之比，无量纲。

由于暴雨引发的泥石流运动类似于流体运动，记 $\beta_1=\beta_2=\beta=1$，有

$$\frac{\mu}{\rho_d}\int_{\eta b}^{\eta}\frac{\partial^2 u}{\partial z^2}\mathrm{d}z=\frac{u}{\rho_d}\frac{\partial u}{\partial z}\mid z=\eta-\frac{u}{\rho_d}\frac{\partial u}{\partial z}\mid z=\eta_b \tag{4.47}$$

根据剪应力边界条件，在泥石流的上表面，$\frac{u}{\rho_d}\frac{\partial u}{\partial z}\mid z=\eta=\frac{\tau_{sx}}{\rho_d}=0$，在泥石流的下表面，$\frac{u}{\rho_d}\frac{\partial u}{\partial z}\mid z=\eta_b=\frac{\tau_{bx}}{\rho_d}$。式中，$\tau_{sx}$、$\tau_{bx}$ 分别为泥石流运动过程中的上表面和下表面的摩擦力，N。

可以记为

$$\tau_{bx}=\mu\rho_d\sqrt{gh}\cos\theta_x\tan\varphi \tag{4.48}$$

式中：θ_x 为泥石流运动过程中在地表某点 x 方向的倾斜角，(°)；$\tan\varphi$ 为泥石流运动时的动摩擦系数，无量纲。

类似地，可以得到式（4.29）在 y 方向上的方程沿 z 方向上的积分式。

最后可以得到一个基于质量守恒方程和 Naiver - Stokes 方程的模拟泥石流运动的二维数学模型：

$$\frac{\partial M}{\partial t}+\alpha\frac{\partial(M\bar{u})}{\partial x}+\alpha\frac{\partial(M\bar{v})}{\partial y}=-\frac{\partial H}{\partial x}gh+\frac{\mu\beta}{\rho_d}\left(\frac{\partial^2 M}{\partial x^2}+\frac{\partial^2 M}{\partial y^2}\right)-\mu\sqrt{gh}\cos\theta_x\tan\varphi \tag{4.49}$$

$$\frac{\partial N}{\partial t}+\alpha\frac{\partial(N\bar{u})}{\partial x}+\alpha\frac{\partial(N\bar{v})}{\partial y}=-\frac{\partial H}{\partial y}gh+\frac{\mu\beta}{\rho_d}\left(\frac{\partial^2 N}{\partial x^2}+\frac{\partial^2 N}{\partial y^2}\right)-\mu\sqrt{gh}\cos\theta_y\tan\varphi \tag{4.50}$$

4.3.2 基于GIS泥石流二维数值模拟

DEM在GIS中可以自动地提取地形变量，如盆地几何参数、水系、坡度、坡向、流向和栅格高程数据等。DEM来源于不规则三角网、Grid栅格数据和矢量形式的等高线数据，这些数据为泥石流流动传播的偏微分方程解法起到了重要的作用。有限差分方法被广泛应用于求解栅格数据环境的数值模型，如图4.20所示。

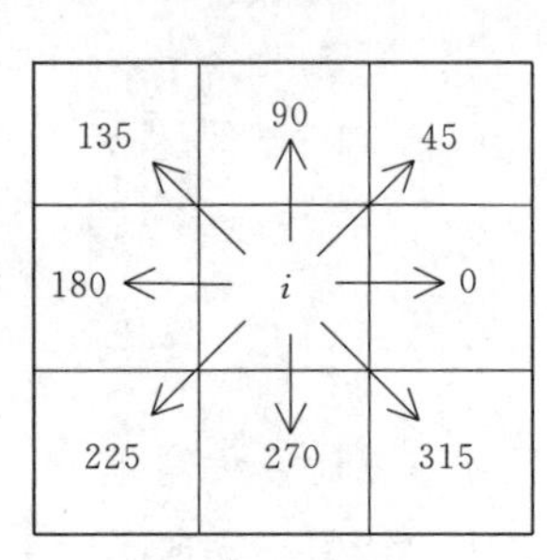

(a)栅格单元的可能流向

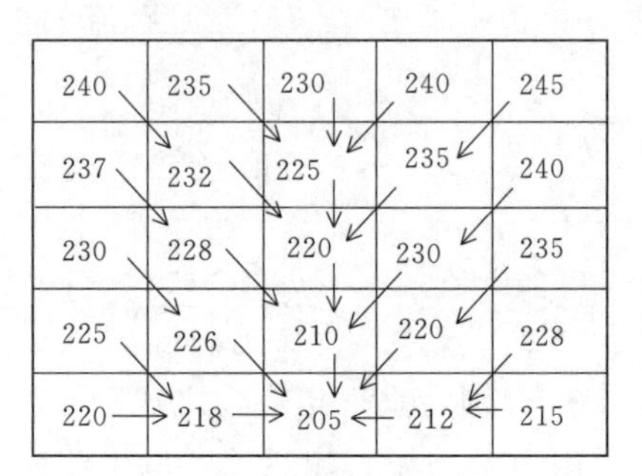

(b)DEM流向

图4.20 流向

如图4.20（a）所示，基于栅格单元的DEM分布，每个栅格单元均有8个可能的流动方向，流动方向以度来表示：左向为0°，向上为90°，向右为180°，向下为270°[127]。并且，栅格单元的对角线上依次为：45°、135°、225°、315°，栅格单元内存在一个流动方向。如图4.20（b）所示，基于栅格单元的DEM的流动方向为最大的倾斜角。泥石流流动传播的偏微分方程是基于DEM的栅格有限差分法而进行求解。对于一般的二维计算，图4.21展示的是有限差分方程，这个方程可表达为

$$\frac{h^{n+3}_{i+1/2,j+1/2}-h^{n+1}_{i+1/2,j+1/2}}{2\Delta t}+\frac{M^{n+2}_{i+1,j+1/2}-M^{n+2}_{i,j+1/2}}{\Delta x}+\frac{N^{n+2}_{i+1/2,j+1}-N^{n+2}_{i+1/2,j}}{\Delta y}=0 \tag{4.51}$$

在X方向上的分量表达为

$$\frac{M^{n+2}_{i,j+1/2}-M^{n}_{i,j+1/2}}{2\Delta t}+\frac{\alpha}{\Delta x}\left[\left(\frac{M^{n}_{i+1,j+1/2}+M^{n}_{i,j+1/2}}{2h^{n+1}_{i+1/2,j+1/2}}\right)^2-\left(\frac{M^{n}_{i,j+1/2}+M^{n}_{i-1,j+1/2}}{2h^{n+1}_{i-1/2,j-1/2}}\right)^2\right]$$
$$+\frac{\alpha}{\Delta y}\left[\frac{(M^{n}_{i,j+1/2}+M^{n}_{i,j+3/2})(N^{n}_{i+1/2,j+1}+N^{n}_{i-1/2,j+1})}{h^{n+1}_{i-1/2,j+1/2}+h^{n+1}_{i+1/2,j+1/2}+h^{n+1}_{i+1/2,j+3/2}+h^{n+1}_{i-1/2,j+3/2}}\right.$$
$$\left.-\frac{(M^{n}_{i,j+1/2}+M^{n}_{i,j-1/2})(N^{n}_{i+1/2,j}+N^{n}_{i-1/2,j})}{h^{n+1}_{i-1/2,j-1/2}+h^{n+1}_{i+1/2,j-1/2}+h^{n+1}_{i+1/2,j+1/2}+h^{n+1}_{i-1/2,j+1/2}}\right]$$

$$
\begin{aligned}
&=-g\frac{(h^{n+1}_{i+1/2,j+1/2}+h^{n+1}_{i-1/2,j+1/2})(H^{n+1}_{i-1/2,j+1/2}-H^{n+1}_{i-1/2,j+1/2})}{2\Delta x}\\
&\quad+\frac{\upsilon\beta}{2}\left[\frac{M^{n+2}_{i-1/2,j+1/2}+M^{n+2}_{i,j+3/2}-2M^{n+2}_{i,j+1/2}}{(\Delta x^2)}+\frac{M^{n+2}_{i,j-1/2}+M^{n+2}_{i,j+3/2}-2M^{n+2}_{i,j+1/2}}{(\Delta y^2)}\right]\\
&\quad-g\frac{h^{n+1}_{i+1/2,j+1/2}+h^{n+1}_{i-1/2,j+1/2}}{2}\cos\theta
\end{aligned}
\tag{4.52}
$$

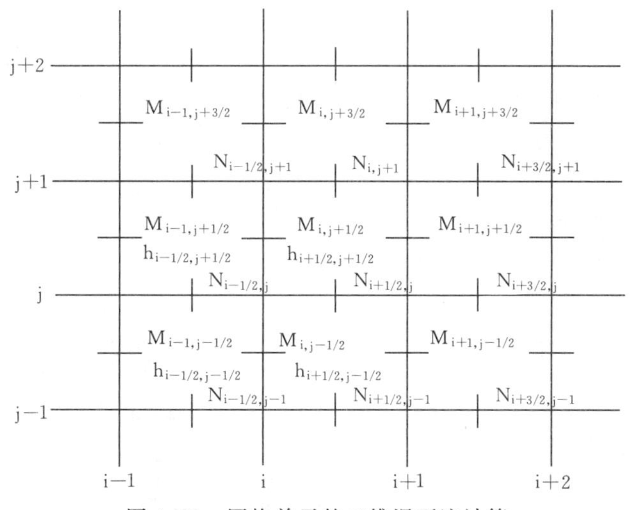

图 4.21 网格单元的二维泥石流计算

在 Y 方向上的分量表达类似于有限差分表达式（4.50）。

将泥石流的有限差分程序，利用 Visual Basic 语言编制成泥石流动态差分模块集成在 ArcGIS 中，对研究区域的数值高程数据进行矢量转化，利用 ArcGIS 中数据转化功能，将表征泥石流形成前的 DEM 数据在每一栅格抽取其 X、Y 坐标和区域高程，进行转换成矢量数据，再利用 ArcGIS 中计算模块对所转换成的矢量数据进行计算，计算出每一步的矢量结果，并将其再转化为栅格数据，最后利用 ArcGIS 中的空间分析功能进行数据分析。对于所用的矢量计算和数据分析都是在 ArcGIS 软件中进行。

4.3.3 实例分析

以孟底沟库区加囊沟泥石流为例进行实例分析，基于 GIS 中的深度积分二维数值模型预测泥石流的影响范围，该过程是采用有限差分方法对质量守恒定律和动量方程进行求解，通过 GIS 的栅格单元来实现。

1. 基本数据

依据所研究区域 1/2500 的地形等高线图，利用 ArcGIS 中的 Scan 功能对研究区地形等高线图进行以 2m 为间隔的等高线矢量化（Polyline），然后把这些等高线转化成不规则三角网（TIN），再将不规则三角网转化成数字高程模型（DEM）。道路和河流做成线数据集，房屋做成点数据集。根据 ArcGIS 中水理分析功能，可以得出该地区的溪流线分布图，经 ArcGIS 分析可得出所研究区域地形的三维地形图和该区域的道路、房屋以及溪流等的分布图。

2. 二维数值模拟

利用本章中介绍的数值模型来模拟研究区域内发生的真实泥石流状况。考虑一系列的参数：流程深度、重力、通过的地形倾斜角度、黏度和动摩擦系数等。流程深度被认为是滑坡体的最大厚度，重力被认为是泥石流混合物的等效密度，地形倾斜角度可以从 DEM 中直接获得，黏度和动摩擦系数是分析流程的重要参数。动摩擦系数和黏度变化范围在 0.32～0.75 和 0.1～0.12 两个阶段内。在这项研究中，经过多次试算，动摩擦系数 $\tan\alpha=0.6$ 和黏度 $\mu=0.11$ 为最符合真实状态的参数。另外，动力修正系数 $\beta=1.25$ 时，需要对泥石流的发生采取避让措施。表 4.3 为用于数值模拟的参数。

表 4.3 数值模拟参数列表

$\rho/(kg/m^3)$	B	$\nu/(Pa \cdot s)$	$g/(m/s^2)$	$\tan\alpha$
2200	1.25	0.11	9.8	0.6

数值计算结果为：泥石流流动过程需要 230s，平均流速为 6.5m/s，泥石流流动距离约为 1500m，图 4.22 为泥石流的实时发展过程。

3. 泥石流影响范围

图 4.23 为模拟图与航拍图的对比。通过结果的对比，可以得出本书采用的数值模拟方法与真实的泥石流发生过程相同，本书建立的二维数值模型，可用于模拟在相似区域的滑坡灾害引发的泥石流研究。

4.3.4 泥石流影响范围模型验证

图 4.24 为应用二维数值模拟模型计算得出的加囊沟泥石流影响范围图，图 4.25 为孟底沟库区加囊沟泥石流实际影响范围航拍图，图 4.26 为应用泥石流影响范围与溪流倾角关系经验公式计算得出的加囊沟泥石流影响范围图，图 4.27 为应用基于泥石流流量守恒半经验公式计算得出的加囊沟泥石流影响范围图，通过对以上图的分析，泥石流影响范围差别不大，可以很清楚地看出以上三种计算泥石流影响范围的模型都能够很好地模拟泥石流发生时真实的影响范围。

(1) 基于质量守恒方程和 Naiver - Stokes 方程，利用深度积分的方法，建立的模拟泥石流运动的二维数学模型能够很好地模拟泥石流影响范围，适用范围广，但是计算过程复杂，所需参数较多，且参数不易获取，较适合于单沟泥石流的计算，对于区域泥石流的计算过于复杂，费时费力。

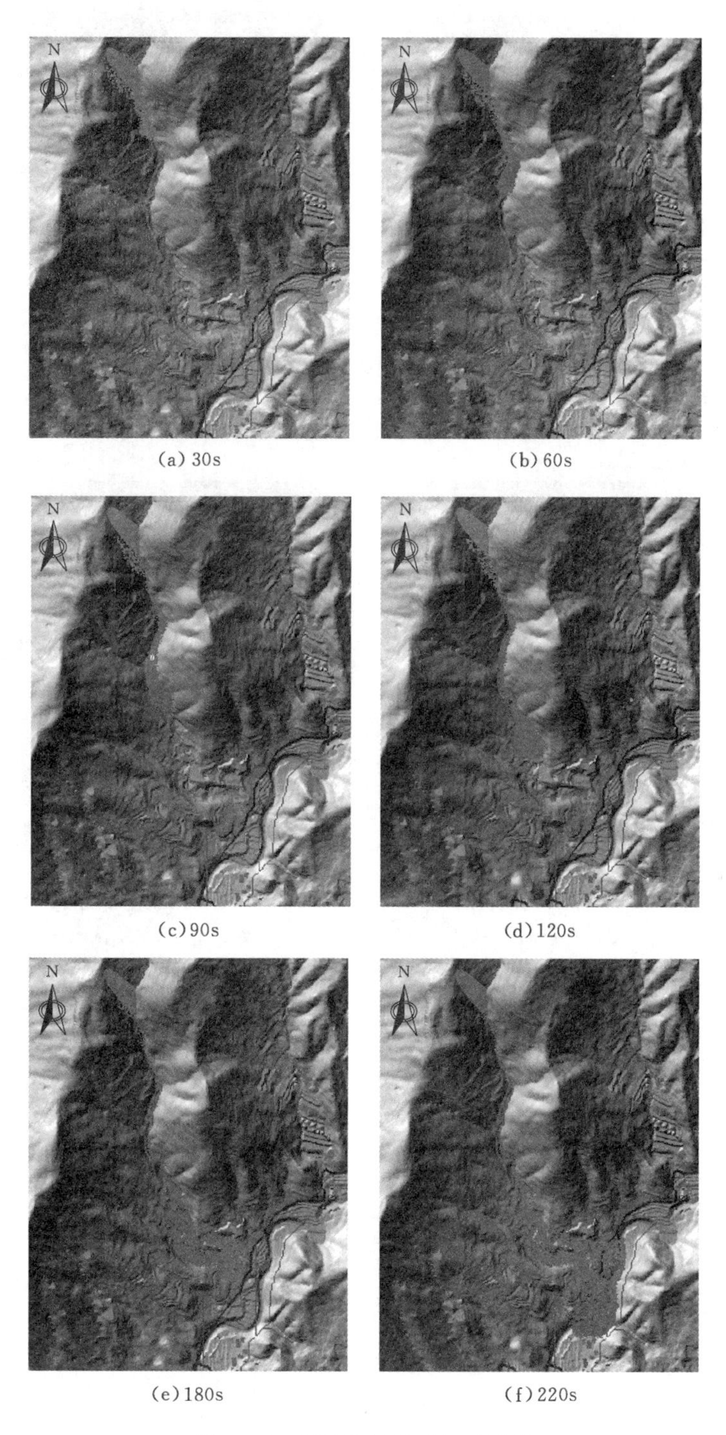

(a) 30s　(b) 60s

(c) 90s　(d) 120s

(e) 180s　(f) 220s

图 4.22　泥石流的实时发展过程

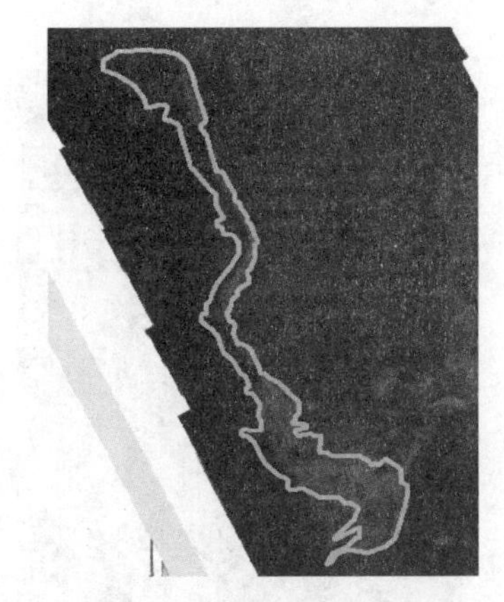

图 4.23　模拟图与航拍图的对比

图 4.24　二维数值模拟计算影响范围图

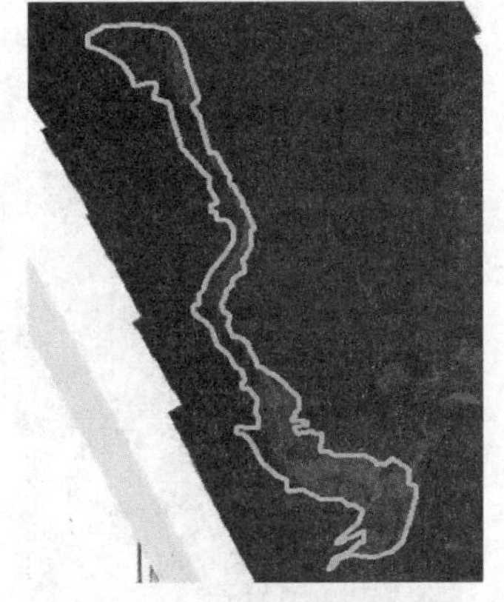

图 4.25　真实的航空照片泥石流影响范围航拍图

图 4.26　经验公式计算影响范围图

图 4.27　基于泥石流流量计算影响范围图

（2）泥石流影响范围与溪流倾角关系经验公式能够很好地模拟泥石流影响范围，参数简单，容易获取，但经验公式具有极强的地域特性，仅适用于相似工程地质条件下高山峡谷地区泥石流影响范围计算。

（3）基于泥石流流量守恒半经验公式也能够很好地模拟泥石流影响范围，且公式简单，所需参数能够通过泥石流土石量的计算快速得出，对于大范围的区域泥石流计算具有很大的优势。

4.4 孟底沟库区泥石流影响范围

图 4.28 是基于三维遥感和 GIS 技术利用式（4.20）和式（4.21）计算得

图 4.28 孟底沟库区半经验公式计算得出的泥石流影响范围图

出的孟底沟库区泥石流影响范围图，图4.29是基于三维遥感和GIS技术利用泥石流影响范围与溪流倾角关系公式（4.9）计算得出的孟底沟泥石流影响范围图，结合航拍图片，可以很直观地看到受到泥石流灾害影响的房屋、桥梁和路段等，为泥石流灾害的风险分析提供了一种很实用的研究模型。

图4.29　孟底沟库区利用经验公式计算得出的泥石流影响范围图

本章研究的内容主要有：

（1）在GIS地形分析的基础上，提出孟底沟库区区域泥石流影响范围与倾角关系统计公式，成功模拟了相似地质条件下高山峡谷地区泥石流影响范围，为今后泥石流影响范围提出一种简单快速评价的思路。在具有相同和类似地质构造条件的山丘地区，其边坡破坏形式及泥石流灾害往往表现为相同和相近的特征，因此在分析大范围山丘区域内的泥石流灾害时，对既往泥石流灾害的研究可用于邻近区域泥石流灾害再发可能性分析。

（2）提出了一种基于泥石流流量体积守恒的前提条件，预测泥石流淹没沟谷横截面积和平面面积的半经验公式：$A=0.05V^{2/3}$，$B=200V^{2/3}$，适用性非常强，并以孟底沟为例进行了实际模拟。在野外调查的基础上，使用这些半经验公式构成的模型可以很方便地模拟泥石流淹没区，划定泥石流危险范围对泥石流风险预测具有重要的意义。

（3）基于质量守恒方程和 Naiver - Stokes 方程，利用深度积分的方法，经过一系列公式的推导，建立了一个模拟泥石流运动的二维数学模型。结合 GIS 的空间分析功能，该模型可以用来模拟泥石流的运动过程、流动的距离和泥石流的影响范围，结合航拍图片，可以很直观地看到受到泥石流灾害影响的房屋、桥梁和路段等，并验证了由泥石流影响宽度与溪流倾角统计经验公式和基于泥石流流量的半经验公式所确定的泥石流影响范围的正确性。

第 5 章

孟底沟库区泥石流风险评价研究

地质灾害风险是在一定区域和给定时段内，由于某一地质灾害而引起的人们生命财产和经济活动的期望损失值，风险性＝危险性×易损性。风险性是指地质灾害活动及其对人类造成破坏损失的可能性，它所反映的是发生地质灾害的可能机会与破坏损失程度。泥石流是山区常见的一种自然灾害现象，是由泥沙、石块等松散固体物质和水混合组成的一种特殊流体。它暴发时，山谷轰鸣，地面震动，浓稠的流体汹涌澎湃，沿着山谷或坡面顺势而下，冲向山外或坡脚，往往在顷刻之间造成人员伤亡和财产损失。泥石流灾害风险评价是对泥石流灾害危险性、区域易损性的综合评价，有利于保护人民群众生命及财产安全，具有重要的实际意义。

5.1 泥石流危险性评价

20 世纪 80 年代国内许多学者开展了泥石流危险度的研究。主要体现在以下 3 个方面：

（1）对泥石流沟谷的危险度进行了划分。

（2）提出了泥石流沟危险程度影响因素量化分析方法。随着模糊综合评判、层次分析等数学方法的引用，泥石流沟谷危险度划分更加量化和客观，这一时期的主要方法为提出的泥石流影响因素等级划分及因子得分判定法。

（3）提出区域泥石流危险度评价方法，其确定了影响泥石流活动的主要因子为泥石流沟分布密度，然后分别从地质、地貌件、水文气象、森林植被和人类活动 5 个方面共选取了 17 个环境因子，应用关联度分析方法确定每个环境因子的相对权重值，从中选取了 7 个相对权重值最大的因子作为影响泥石流活动的次要因子。这种泥石流危险度评价方法得到了较为广泛的引用和应用，但这种方法又未对泥石流危险度值进行标准化，不便于与后来的泥石流风险度和易损度评价接轨。最早提出的泥石流危险度评价方法中涉及环境因子较多，经过学者们不断探索，剔除掉重复的环境因子，最终将评价因子改为了12个。90年代中期又进一步将泥石流危险度评价因子确定为10个。90年代后期以来，在总结前人研究成果的基础上，一些适用的数学模型被引用到泥石流的沟谷危险度划分中，使得泥石流的沟谷危险度研究向精确定量、模型模式化操作的趋势发展。

影响泥石流的形成、暴发以及成灾的因素非常复杂，在对泥石流危险评价过程中许多学者提出了评价方法。泥石流危险度评价方法虽然很多，但是由于选取的因子、评价的标准更集中反映区域性的指标，而涉及泥石流本身特性的不多，得到的评价结果是同样的区域性条件泥石流沟谷和其他非沟谷地区完全相同，而工程实际却是大相径庭。本章在前人泥石流危险度评价的基础上，对各种因子，尤其是泥石流自身特性的因子进行强化，探索出一套新的泥石流危险度评价体系。

5.1.1 研究区域数据说明

研究区为孟底沟水电站库区泥石流，本章中所用的数字高程数据ASTER数据，分辨率为25m，精度相对较高，大大提高了试验结果的精度。研究区及周边地区雨量站记录查询的近年本地区6h雨强数据，基于1∶5万地质图矢量化得到的地层岩性数据。研究区2003年的ETM＋影像数据及基于该影像得到的1∶10万的土地利用数据和NDVI数据。基于2001年和2008年的研究区地震动峰值加速度矢量化得到的地震数据。本章中的数据都统一采用6度分带的高斯-克吕格投影坐标系，地理坐标系统采用北京54坐标系。

5.1.2 层次分析法（AHP）

层次分析法通过分解、判断与综合这一过程基本反映了人类在问题决策过程的基本特征，并且层析分析法简单易学以及定性与定量结合的优点，使得该方法成为一种常见的系统分析方法，被广泛地应用于地下水脆弱性、人类健康风险评价等方面。

层次分析法（analytical hierarchy process，AHP）是指将决策总是有关的元素分解成目标、准则、指标等层次，在此基础上进行定性和定量分析的决策方法。20世纪70年代，美国运筹学家萨蒂（T. L. Saaty）在研究美国国防部关于“根据每个工业部门对国家福利贡献程度，分配电力资源”的课题时，以系统理论为指导应用多目标综合评判的方法，提出了一种定性和定量相结合、层次权重决策的方法。

这种方法具有简单易学、计算简单的特点，主要针对影响因素多、复杂的决策问题，用于分析问题的本质、影响因素及其内在关系，在此基础上确定目标、准则和结构特征，利用少量的信息使决策过程数学化实现定性与定量相结合，如图 5.1 所示。

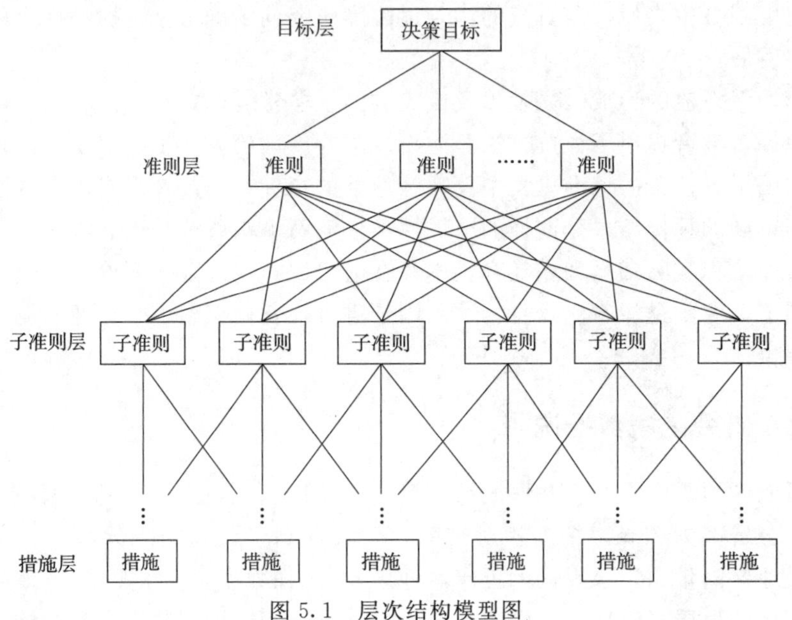

图 5.1　层次结构模型图

主要分析、评价的步骤如下：

(1) 在分析影响因素的基础上，确定约束条件、影响因子、目标准则，同时收集相关信息，为后期的评判提供基础资料和数据。

(2) 构建层次分析法的层次结构，根据影响度不同，因子之间的隶属关系将层次结构分为几个等级层次。

(3) 确定各层次机构中影响因子之间的相关关系，构造判断矩阵。

(4) 确定各因子的影响权重，并对所计算的各因子的权重进行排序，以确定各因素在层次结构中的重要程度。

(5) 根据分析计算结果，确定研究区的风险程度。

计算结果见表 5.1～表 5.3。

表 5.1　　判断矩阵表

A_k	B_1	B_2	…	B_n
B_1	b_{11}	b_{12}	…	b_{1n}
B_2	b_{21}	b_{22}	…	b_{2n}
…	…	…	…	…
b_n	b_{n1}	b_{n2}	…	b_{nn}

表 5.2　　比例标度表

因素1：因素2	量化值	因素1：因素2	量化值
同等重要	1	强烈重要	7
稍微重要	3	极端重要	9
较强重要	5	两相邻判断的中间值	2，4，6，8

表 5.3　　平均随机一致性指标 *RI* 取值表

n	1	2	3	4	5	6	7	8	9	10	11
RI	0	0	0.58	0.90	1.12	1.24	1.32	1.41	1.45	1.49	1.51

5.1.3　泥石流影响因子分析

形成泥石流必须具备丰富的松散固体物质、充足的水源或降水以及陡峭的地形。因此，对泥石流进行危险度评价时需从这三个方面来考虑，每个方面又包含着很多相关的影响因子。泥石流影响因子根据作用程度又有主次之分。在区划中既要突出主要因素的作用，又要体现主要作用因素的主导地位和其他因素的相互关系，当然也要尽量考虑次要因素及偶然性因素的作用。所以要根据综合主次因子的相互影响对泥石流危险度进行定量评价，并分析泥石流的发育背景、形成条件，分布特征等，选择影响泥石流危险性评价的主控因子和触发因子。

主控因子是泥石流发育的基础，控制着泥石流的物质来源，主控因子主要包括地形地貌、地层岩性、地质构造、植被、土壤等因子。针对研究区而言泥石流的触发因子主要有雨季的强降雨和地震活动，触发因子促进了泥石流的发育与形成，也为泥石流提供充足的水源和动力条件。

5.1.3.1　地质因子

1. 地层岩性

泥石流重要的物质来源与岩土体的风化。岩土体抗风化的能力与三个方面相关：一是地层的强度，强度越小，抗风化能力越弱，越易风化，形成松散堆积物；二是岩土体内矿物岩石的抗风化能力；三是地层出露的年代，地质年代越长，岩土体的风化程度越高，可提供更多的松散堆积物。根据研究区的地质资料绘制研究区地层岩性图，如图 5.2 所示。

2. 构造因子

研究区域分布着较多的断层，在断层面一定范围存在破碎带，破碎带的范围与断层活动程度、岩性有关，如图 5.2 所示。断层破碎带的存在，给泥石流形成与暴发提供了丰富的物质来源。查阅相关资料可知，大多数泥石流灾害都沿着断层的两侧发育。本书基于 1：5 万地质图并通过 ArcMap 软件数字化得到断层数据，有复活断层和推测断层，绘制研究区断层分布图于图 5.3，由图

5.3可知研究区断层主要沿河谷及河谷两侧断裂带分布。

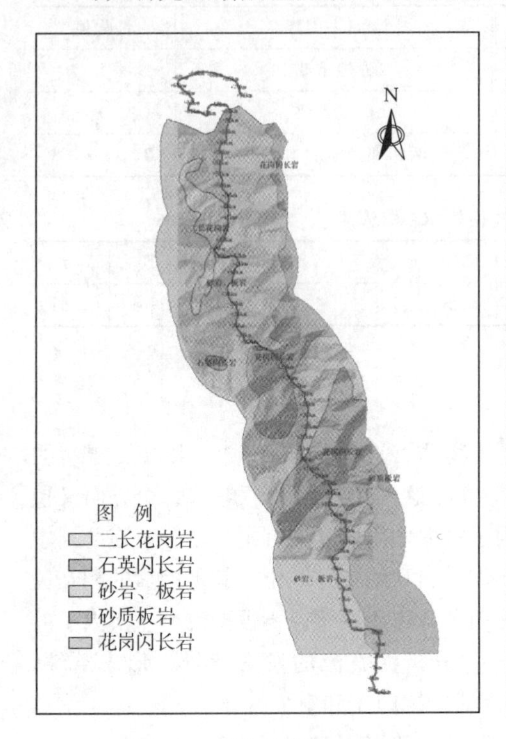

图5.2 研究区域地层岩性

图5.3 研究区域断层分布图

3. 不良地质体密度

不良地质体为泥石流的发育提供丰富的物质条件，分析研究区不良地质体的密度与泥石流沟分布规律，采用GIS数据转化功能将遥感影像点位数据转换为密度数据，从而研究不良地质体密度与泥石流分布规律。本书利用详尽的不良地质体点位数据，利用GIS数据转化功能将点位数据转化为不良地质体的密度分布数据，并绘制。

多年来的研究和实际调查表明，研究区域泥石流的固体物质主要来源于不良地质体，其次是沟床冲洪积物和沟岸坍塌等。本章基于较为详尽的不良地质体点位数据，在ArcGIS环境下将不良地质体点位数据转换为不良地质体分布密度数据，并绘制研究区域不良地质体分布密度图于图5.4。

由图5.4可以看出，不良地质密度的分布与泥石流沟分布规律基本相一致，即不良地质体高密度区的泥石流沟十分发育，分布密度大；研究区内不良地质点低密度区，泥石流基本不发育。

4. 地震因子

地震的暴发，会使稳定的边坡失稳、加剧岩石体破碎程度，与地震相伴生山崩、滑坡、裂缝与强降雨。地震效应可产生大规模的松散堆积物，同时，地震之后与伴随强降雨，上述论述可知，地震暴发可为泥石流的形成丰富物质来源，同时也为泥石流的暴发提供充足的水源，研究地震对泥石流的形成具有重要的现实意义，因此将地震作为重要的影响因子。本次收集的地震数据为2001年的中国地震动峰值加速度区划图，比例尺均为1：100万，并绘制研究区域地震动峰值加速度图，如图5.5所示。

由图5.5可以看出，研究区域地震动峰值达到0.15g，这说明地震因子相对较弱，山体稳定性相对较好。

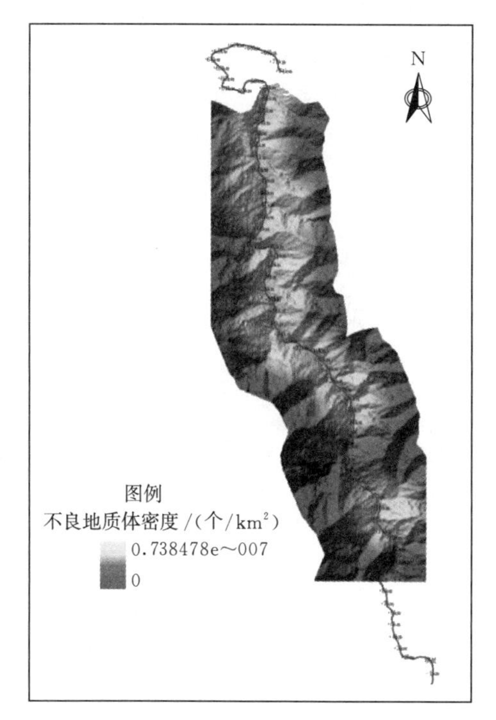

图5.4　研究区域不良地质体分布密度图

图5.5　研究区域地震动峰值加速度图

图5.6为研究区域泥石流流量分布图。

5.1.3.2　地形地貌因子

地形地貌影响泥石流主要表现在以下3个方面：

1. 植被覆盖程度

植被具有很好的水土保持功能，地表植被条件好，水土不易流失；反之地表质保覆盖较差地区极易使水土发生流失，特别是在倾斜的坡面上。地表植被缺失或者植被覆盖度很低的山区，在降雨作用下坡陡地表松散的堆积物或土壤被冲刷走，从而为泥石流的形成提供物质条件。

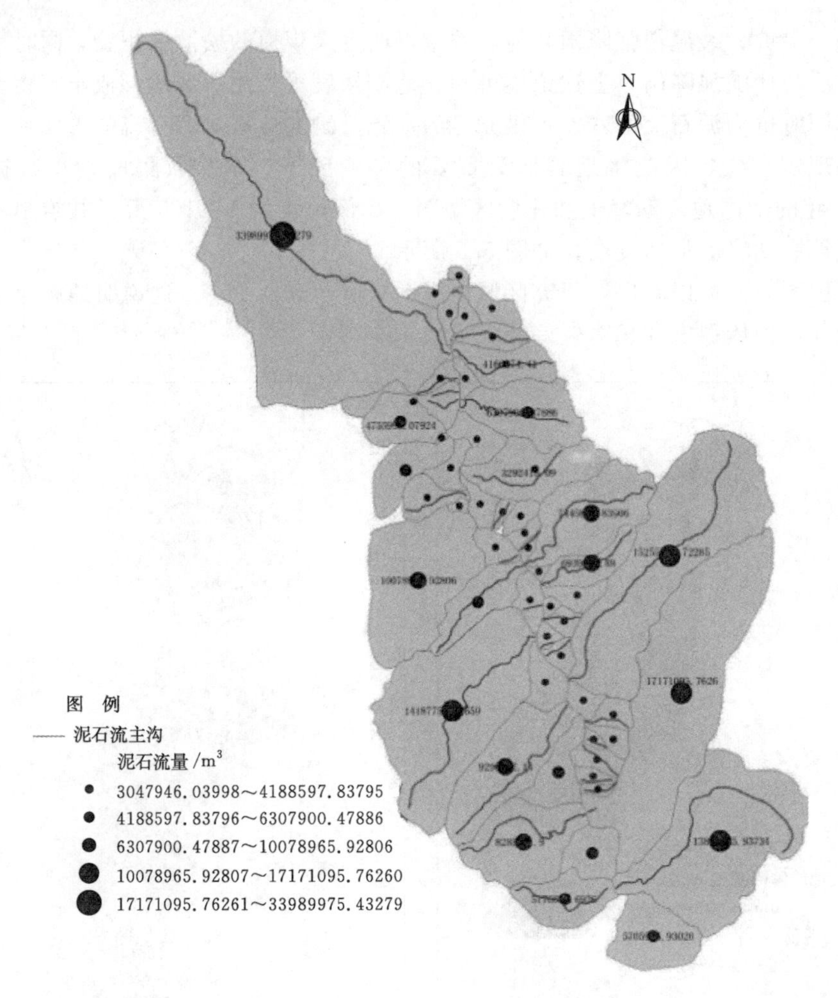

图 5.6　研究区域泥石流流量分布图

2. 高差与泥石流分布

研究地貌属于川西大高原，地势东西两侧高，中部相对较低。雅砻江鲜水河及其支流为典型的高山峡谷地貌景观，河流峡谷狭窄，河流两侧岸坡陡峭，河流水面和谷肩相对高程差达到 500～1000m。不难得出以下结论：在高程带 2000～2500m 的范围内，泥石流主要分布河流两侧，受河流冲刷、侵蚀作用强烈；高程带为 2500～3500m 的区域内人类活动强烈，耕地面积增加，主要分布于河流沟谷两侧的低山丘陵地区，人类活动的加剧从而导致该地区泥石流分布面积大；在高程大于 3500m 的区域内，植被发育良好，覆盖度高，人类活动弱，受河流侵蚀作用弱，同时该地区多有基岩出露，以上因素均使得该地区泥石流分布稀少。

总的来说，研究区的相对高差并未对泥石流活动产生明显的影响，所以在进行泥石流危险度评价时将不考虑相对高差因子。

3. 坡度因子

坡度影响泥石流主要表现在强降雨爆发后地面径流的搬运能力：坡度缓，径流速度慢，搬运能力与冲刷能力弱，携带的流动性物质小，不易发生泥石流；反之，坡度大，径流速度快能够携带大量流动物质，极易产生泥石流，如图 5.7 和图 5.8 所示。

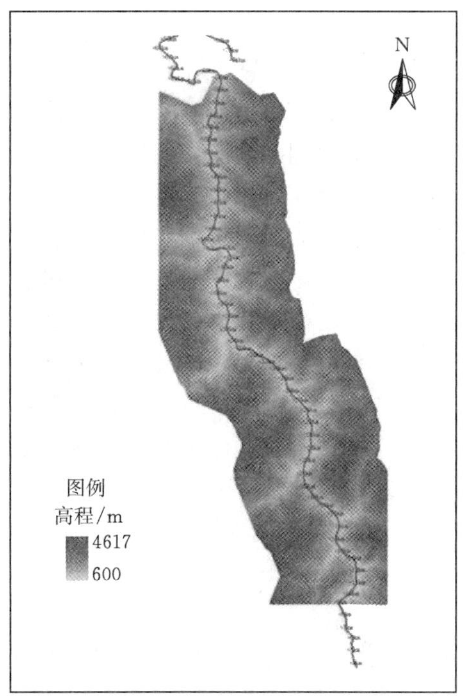

图 5.7 研究区域高程图

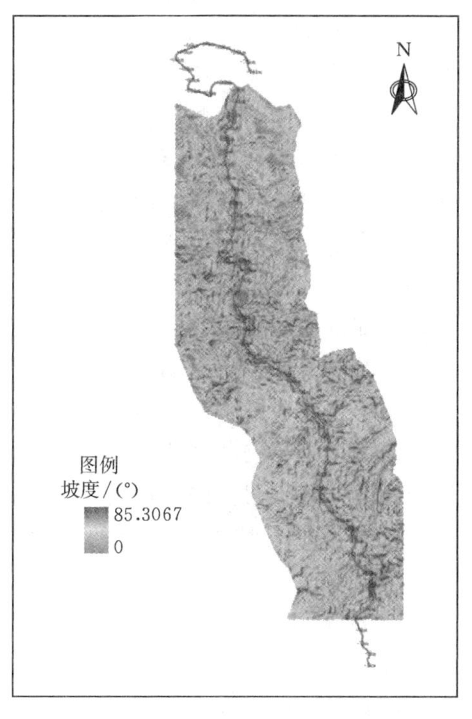

图 5.8 研究区域坡度图

在地形起伏比较缓和的区域，不具备泥石流形成所具有的动力条件，而河谷内部的坡度也比较平缓，不可能发生泥石流。对研究区而言，坡度与泥石流分布的关系见表 5.4。

表 5.4 坡度与泥石流分布关系表

序号	坡 度	泥石流分布特征
1	坡度<13°	泥石流分布面积不大
2	坡度为 13°～45°	坡面上的土体不稳定，承受重力能力小，为泥石流的发生创造了良好的动力机制，导致泥石流集中分布
3	坡度>45°	区域远离河流，植被覆盖度好，固体松散物质不丰富，不易发生泥石流，泥石流沟分布面积极小

5.1.3.3 水文气象因子

研究区位于雅砻江孟底沟库区，库区内分布着雅砻江干流及其支流，也包括季节性沟谷溪水。水流的侵蚀作用导致岩石或土体结构变得疏松和不稳定，产生了丰富的松散物质，为泥石流的发育提供物质条件。特别是9月份雨季中暴雨频发，导致河流水位增加，破坏能力加强，也为泥石流的形成提供了充足的水源。上述因素使得泥石流灾害的更易发生。

1. 河流沟谷影响因子

河流沟谷为泥石流发育提供充足的物质基础，是影响泥石流发育的一个重要因素。河流沟谷两侧的土体和岩体本身抗蚀、抗风化能力不同，同时不同的土体和岩体与河谷的距离也降低了河流对河流沟谷西侧的岩土体的影响力。因此，为了研究不同河流等级和不同距离条件河流下对泥石流活动的影响，采用研究区内任意一点到河流的费用距离来体现河流对土体和岩体的影响能力。孟底沟库区内的海拔高差大，河流的侧蚀作用随海拔高度变化明显，山体海拔越高，河流的侧蚀作用越弱，费用距离也大，说明点距离河流越远，泥石流区域受到河流的侵蚀作用越弱。本次为了计算研究区任一点到河流的费用距离，首先把ASTER数据作为费用栅格数据计算不同点的费用距离，结合河流水系级别等级图，可以判断河流对泥石流区域的侵蚀作用。若费用距离相同，必须依靠河流等级分析河流的侵蚀作用，河流等级越高，侵蚀能力越强；若河流等级相同，费用距离越大，河流的侵蚀作用越弱，反之则越强，如图5.9和图5.10所示。

2. 降雨因子

降雨因子是泥石流灾害暴发最为关键的触发因子，降雨在以下三方面为泥石流的发育和形成提供条件：①强降雨在地表产生径流，当地表存在丰富的物质条件时，地表水流携带大量泥沙和土石体，即已形成泥石流；②强降雨为泥石流提供充实的水分，使得以前松散的堆积物变为黏性，随着水分增加进一步变为流动性强的稀性泥石流；③降雨为泥石流发育和形成提供动力条件。因此，对研究区而言，降水对泥石流的形成有着至关重要的作用。

根据气象站和水文站多年观测数据中的降雨强度数据，分析降雨在时间和空间上变异性可知，研究的降水主要集中在每年的5—9月，研究区多年以来的10min、1h、6h、24h和3d的平均降雨量，并将数据加载至ArcMap软件中的地统计模块中，采用克里格插值方法对每种历时的多年平均值进行插值，得到研究区的连续降雨数据。通过对泥石流沟的空间分布特征和插值结果进行对比，获得对泥石流活动影响最敏感的6h降雨量平均值，绘制研究区域6h降雨量等值线图于图5.11。

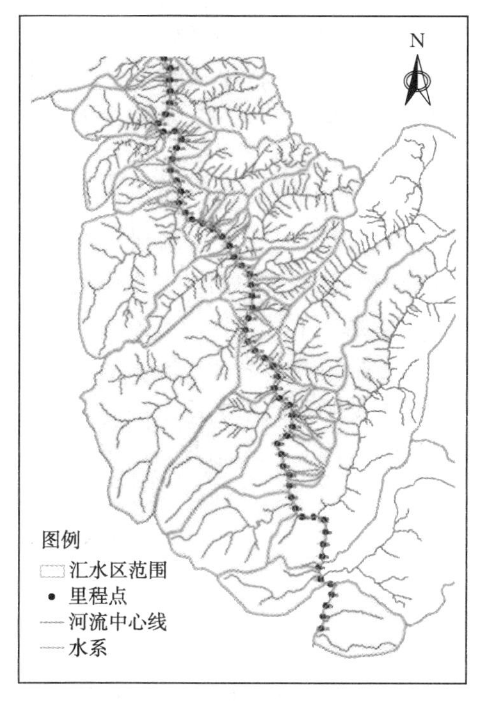

图 5.9 研究区域水系图

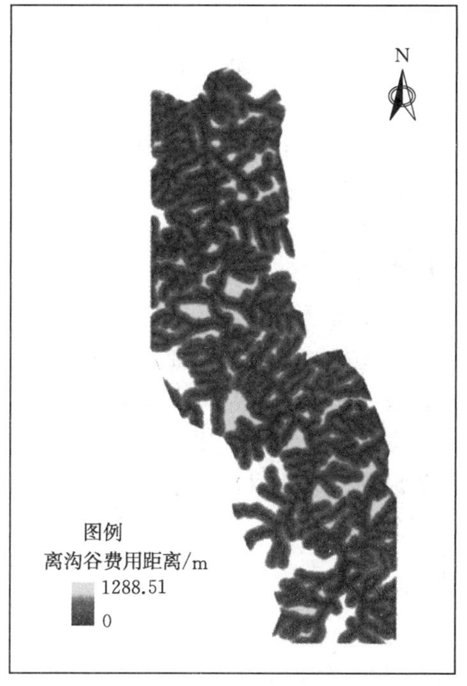

图 5.10 研究区域沟谷费用距离图

在分析不同时段降雨量的基础上，并与该地区泥石流的历史资料相结合，确定 6h 的平均降雨量为诱发泥石流灾害发生的降雨因子。

综上所述，并结合研究区泥石流的历史资料，选定 6h 降雨量作为泥石流发生的最敏感的降雨因子。

5.1.3.4 人类活动因子

人类活动对泥石流的作用表征为两个方面：

（1）加剧作用。人类活动对泥石流的加剧作用主要表现在经济发展、耕地扩大、深林减少、水土流失严重，同时，不合理的人类活动影响了边坡的稳定性，这些都为泥石流提供了丰富的物质来源，进而促进了泥石流的发育。

（2）减缓作用。人类为改善环境，

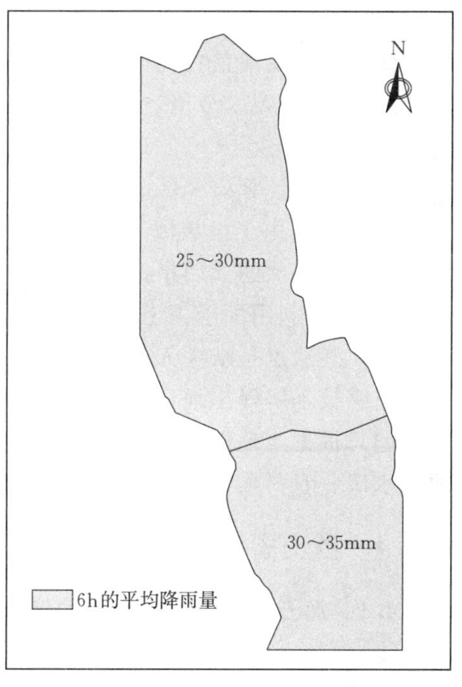

图 5.11 研究区 6h 的平均降雨量

促进人与自然和谐共处，施行一系列保护环境的措施与政策，例如退耕还林、植树造林以及水土保持的措施，这些活动增强了自然生态环境的水土保持功能，减少了泥石流形成必需的物质条件和充足的水源。以下主要从两个方面分析，即植被和土地利用因子在人类活动条件下对泥石流灾害的影响。

1）植被因子。植被具有保持水分和固定土壤的特性，可以减少泥石流的物质来源。沿雅砻江两岸，植被覆盖低的区域受河流的侵蚀作用强，稳定性差，容易暴发泥石流。但是在植被覆盖良好的区域，植被的固水保水作用有效地减少了水土流失并增强了雨水下渗，稳定性增强，不易发生泥石流。

描述植被覆盖度主要通过植被指数实现。植被指数是表征地球表面植被覆盖程度的一个重要指标，其主要通过光谱遥感数据不同波段的组合，监测地面植被的生长、分布，定量地评价植被覆盖情况。利用光谱遥感数据确定植被指数的原理是利用绿色植被的叶子对不同波段的反射能力，从而确定提取植被相关信息。常用的植被指数为 NDVI（normal differential vegetation index），又称归一化植被指数，其计算表达式为

$$\mathrm{NDVI}=\frac{\mathrm{IR}-R}{\mathrm{IR}+R} \tag{5.1}$$

式中：IR 为光谱遥感图像中不同波段的近红外波段的反射值；R 为红波段的反射值。

不同的取值表示的含义不同，当 NDVI<0 时，表示地球表面被密云、地表水体以及冰雪覆盖；当 NDVI$=0$ 时，表示地球表面是出露的基岩或无植被的裸地；当 NDVI>0 时，表示地球表面有植被覆盖。NDVI 数值越大，植被覆盖度越大。分析式（5.1）可知，NDVI 的取值范围为 $[-1, 1]$。

本书为了计算研究区的植被指数，选择 2003 年雅砻江流域 ETM+影像计算 NDVI 值。由于植被因子变化缓慢，所以该影像计算得到的 NDVI 便可作为反映植被现状的代用指标，如图 5.12 和图 5.13 所示。

2）土地利用因子。土地利用因子表征人类活动的强弱，一般以人口密度来表示，其缺点是缺少人类细节和高分辨率的图件。根据野外勘查资料，利用三维遥感技术解译旱地、水田、农村居民点及建设用地，译出研究区的土地利用类型，根据当地的经济、农作物分类等因素将研究区域土地利用情况分为旱地、水田、农村居民点及建设用地 4 种类型。

5.1.4 基于栅格单元的泥石流危险性评价

5.1.4.1 泥石流影响因子权重的确定

本书主要利用层次分析法（AHP）进行研究区泥石流风险性评价，该方法首先得确定因子的综合权重值，再计算危险性评价模型中各因子的权重系数。

图 5.12 研究区域 NDVI 图

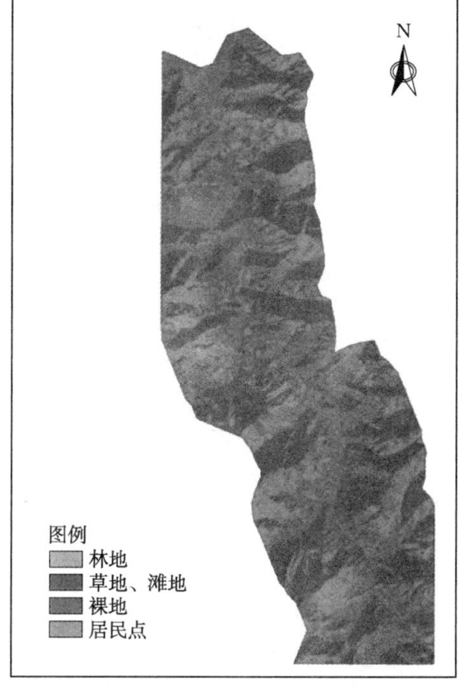

图 5.13 研究区域土地分类图

5.1.4.2 评价层次结构的建立

泥石流危险性评价中首先构建评价的层次结构，层次结构主要包括两层，第一层为主要因子，第二层为主要因子隶属的因子。根据前面章节的分析可知，影响泥石流危险性的主要因子为地质条件、地形地貌、水文条件和人类活动，将其列为第一层；第一层每个因子又包含许多因子，所构建的层次模型如图 5.14 所示。

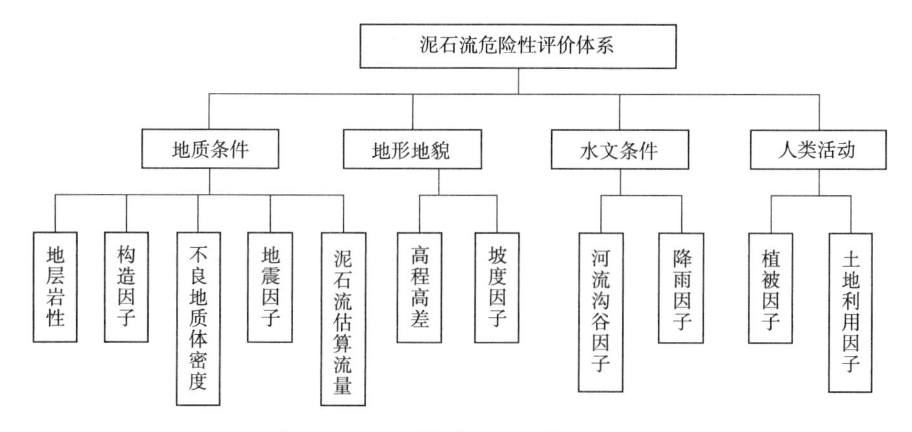

图 5.14 泥石流危险性评价体系图

5.1.4.3 判断矩阵

收集相关文献资料，通过问卷调查以及征求地质防灾减灾专家意见，综合分析影响泥石流因子及其每个因子的相对重要性，构建判断矩阵，见表5.5～表5.9。

表5.5 第一层次指标重要性判断矩阵

指　标	地质因子	地形地貌因子	水文气象因子	人类活动因子
地质因子	1	5	3	5
地形地貌因子	1/5	1	1/3	1
水文气象因子	1/3	3	1	3
人类活动因子	1/5	1	1/3	1

表5.6 第二层次地质类指标重要性判断矩阵

指　标	地层岩性	构造	不良地质体密度	地震	泥石流估算流量
地层岩性	1	2	1/3	3	1/3
构造	1/2	1	1/6	2	1/6
不良地质体密度	3	6	1	7	1
地震	1/3	1/2	1/7	1	1/7
泥石流估算流量	3	6	1	7	1

表5.7 第二层次地形地貌类指标重要性判断矩阵

指　标	高程高差	坡度
高程高差	1	1/3
坡度	3	1

表5.8 第二层次水文类指标重要性判断矩阵

指　标	河流	降雨
河流沟谷	1	4
降雨	1/4	1

表5.9 第二层次人类活动类指标重要性判断矩阵

指　标	植被	土地利用
植被	1	1
土地利用	1	1

根据表5.9中指标重要性得到第一层次判断矩阵 $\boldsymbol{A}$ 为

$$A=\begin{bmatrix}1 & 5 & 3 & 5\\ 1/5 & 1 & 1/3 & 1\\ 1/3 & 3 & 1 & 3\\ 1/5 & 1 & 1/3 & 1\end{bmatrix}$$

根据表 5.10～表 5.13 中指标重要性，第二层次判断矩阵分别为 $\boldsymbol{B}_1$、$\boldsymbol{B}_2$、$\boldsymbol{B}_3$ 和 $\boldsymbol{B}_4$。

$$\boldsymbol{B}_1=\begin{bmatrix}1 & 2 & 1/3 & 3 & 1/3\\ 1/2 & 1 & 1/6 & 2 & 1/6\\ 3 & 5 & 1 & 7 & 1\\ 1/3 & 1/2 & 1/7 & 1 & 1/7\\ 3 & 6 & 1 & 7 & 1\end{bmatrix}$$

$$\boldsymbol{B}_2=\begin{bmatrix}1 & 1/3\\ 3 & 1\end{bmatrix}\qquad \boldsymbol{B}_3=\begin{bmatrix}1 & 4\\ 1/4 & 1\end{bmatrix}\qquad \boldsymbol{B}_4=\begin{bmatrix}1 & 1\\ 1 & 1\end{bmatrix}$$

5.1.4.4 一致性检验

根据线性代数里关于特征向量和特征根的描述，判断矩阵 A 满足方程式：

$$\boldsymbol{AW}=\lambda_{max} \tag{5.2}$$

式中：λ_{max} 为判断矩阵 $\boldsymbol{A}$ 的最大特征根，无量纲；$\boldsymbol{W}$ 为对应于 λ_{max} 的正规化特征向量，无量纲。

经计算，判断矩阵 $\boldsymbol{A}$ 的最大特征根和特征向量分别为：$\lambda_{max}=4.0435$，$\boldsymbol{W}=[0.8919\quad 0.1522\quad 0.3977\quad 0.1522]$。

根据层次分析法步骤进行判断矩阵的一致性检验，根据式（5.3）

$$\mathrm{CI}=\frac{\lambda_{max}-n}{n-1} \tag{5.3}$$

式中：CI 为一致性指标；n 为判断矩阵的阶数；λ_{max} 为判断矩阵 $\boldsymbol{A}$ 的最大特征根。

判断矩阵 $\boldsymbol{A}$ 的阶数为 4，$\lambda_{max}=4.0435$，可计算得 CI=0.0145。

根据 CR=CI/RI 和表 5.3 中的 RI 值，可以得到随机一致性比率 CR=0.0161，该值小于 0.1，表明所构建的判断矩阵 $\boldsymbol{A}$ 具有较好的一致性，不需要调整判断矩阵 $\boldsymbol{A}$ 中各元素的取值。将求得的特征向量 $\boldsymbol{W}$ 归一化后，得到 $\boldsymbol{W}'=[0.5592\quad 0.0958\quad 0.2492\quad 0.0958]$。$\boldsymbol{W}'$ 对应的为第一层次中影响因子相对重要性的权重值，按照影响权重从大至小排列，依次为地质类影响因子、水文类影响因子、地形地貌类影响因子和人类活动影响因子。

按照上次计算步骤分别计算出 $\boldsymbol{B}_1$、$\boldsymbol{B}_2$、$\boldsymbol{B}_3$、$\boldsymbol{B}_4$ 对应的最大特征根及其

对应的特征向量。计算结果见表5.10。

表5.10 计算结果表

判断矩阵	最大特征根	一致性比率	对应的特征向量
B_1	5.0318	0.0071	[0.2372 0.1269 0.6785 0.0834 0.6785]
B_2	2	0	[0.3162 0.9487]
B_3	2	0	[0.9701 0.2425]
B_4	2	0	[0.7071 0.7071]

将所求的 B_1、B_2、B_3、B_4 对应的特征向量归一化，分别为 $W_1=$ [0.1315 0.0703 0.3760 0.0462]，$W_2=$ [0.25 0.75]，$W_3=$ [0.8 0.2]，$W_4=$ [0.5 0.5]。可得到针对第二层次判断矩阵 B_1 的影响因子权重排序为不良地质体、地层岩性、构造和泥石流估算流量；判断矩阵 B_2 中影响因子权重排序为坡度、高程；判断矩阵 B_3 中影响因子权重排序为河流沟谷、降雨。根据各层次计算的影响因子的权重见表5.11。

表5.11 危险性评价指标权重表

总体评价	权重	第一层	权重	第二层	权重
危险度评价	1	地质因子	0.5595	地层岩性	0.1315
				构造	0.0703
				不良地质体	0.3760
				地震	0.0462
				泥石流流量	0.3760
		地形地貌因子	0.0955	高程	0.2500
				坡度	0.7500
		水文气象因子	0.2495	河流沟谷	0.8000
				降雨	0.2000
		人类活动因子	0.0955	植被	0.5000
				土地利用	0.5000

5.1.4.5 指标权重的综合计算

根据计算结果对两层影响因子的各项评价指标的重要性进行总排序，得到地层岩性>地震因子>距断裂带距离>山坡坡度>高程>不良地质密度>泥石流流量>河流沟谷费用距离>6h暴雨雨强>NDVI值=土地利用类型相对于危险性评价的总权重。再根据权重系数由大到小排序：不良地质体密度=泥石流流量>距河流沟谷距离>地层岩性>山坡坡度>降雨>NDVI值>土地利用类型>距断裂带距离>地震因子，见表5.12。

表 5.12 泥石流评价因子总权重表

指标因子	总权重	指标因子	总权重
地层岩性	0.0735	坡度	0.0716
构造	0.0393	河流沟谷	0.1996
不良地质体	0.2104	降雨	0.0499
地震	0.0259	植被	0.0478
泥石流流量	0.2104	土地利用	0.0477
高程	0.0239		

5.1.5 泥石流评价因子危险度分级标准

在对泥石流危险性评价过程中所涉及的评价因子的量纲和数量级不同，为了对比评价因子之间的相互关系，需要对数据进行归一化处理。根据野外实地调查结果和研究区相关技术资料，将各层次中影响评价因子划分为 5 个等级，各因子评价等级越高，表明爆发泥石流危险度越大，反之等级越低，泥石流的危险度越低。然后，根据各影响评价因子的评价等级和权重，综合确定泥石流的危险度。以下分别分析 11 个影响因子等级划分过程：

（1）研究区的岩性。主要岩性为花岗闪长岩、二长花岗岩、石英闪长岩和砂板岩，说明该地区岩性较为复杂。结合泥石流沟的分布规律和岩性特征，由于花岗闪长岩、二长花岗岩危险度最低，将其危险等级赋值为 1，而石英闪长岩、砂板岩的危险等级为 3。

（2）构造影响等级主要依据研究区与断层的距离来判断，按照自然分割的方法将断层距离分为 5 类，可见，研究区距离断层越近，泥石流危险度等级就越低。

（3）坡度因子影响泥石流的分布较为明显，但是坡度与泥石流的等级之间并不成线性关系，也就是说坡度越大，泥石流危险等级就越低。所以按照泥石流沟的分布规律，将坡度等级分为 5 类。

（4）高程影响等级主要是按等间距分割的原则进行划分，依据泥石流沟随高程的变化规律，将 ASTER 数据划分为 5 类，海拔值越高，受河流的冲刷作用就越小，而且植被覆盖度也越来越高，所以危险度等级就越低，反之亦然。

（5）地震影响等级主要根据地震动峰值加速度的值进行划分，根据研究区地震资料，确定研究区的地震动峰值加速度为 0.15g，赋值 1。

（6）不良地质体影响等级主要根据不良地质体的密度进行划分。不良地质体的密度越高，松散地质体越多，提供的松散堆积物越丰富，导致发生泥石流的可能性越大。对重分类后的滑坡点密度由大到小依次赋值为 5、4、3、

2、1。

(7) 泥石流流量。按照泥石流估算流量将区域内流域划分成5类，流量大的产生泥石流的可能性等级越高。

(8) 河流沟谷影响等级主要根据与沟谷的距离进行划分，划分的依据主要为费用距离，距离河流沟谷越远，产生泥石流的可能性就越小。按自然分割的原则将河流费用距离划分为5类，由大到小依次赋值为5、4、3、2、1。

(9) 降雨影响等级主要依据降雨量的大小而定，降雨量越大，发生泥石流的可能性越大。分析研究区不同时间间隔降雨量，选择6h降雨量作为泥石流危险性评价的降雨因子。按照雨强由大到小依次赋值为5、4、3、2、1。

(10) 植被影响等级主要依据植被指数NDVI进行划分，不同的NDVI值反映不同地球表面的情况。当NDVI＜0时，表示地球表面被密云、地表水体以及冰雪覆盖；当NDVI＝0时，表示地球表面是出露的基岩或无植被的裸地；当NDVI＞0时，表示地球表面有植被覆盖，且NDVI数据越大植被覆盖度越大。

(11) 土地利用影响等级主要依据不同的土地类型进行划分，划分过程如下：利用三维遥感技术解译不同土地利用类型，结合实地调查提高解译精度，分析研究区现状，该地区的土地利用类型一般分为耕地、草地，水域、林地，居民地，裸地4类；根据不同土地利用类型上的人类活动情况和专家经验，将4类土地利用类型合并分为4级强烈程度不同的人类活动，等级划分见表5.13。

表5.13　　泥石流评价因子等级划分

评价因子	等级赋值				
	1	2	3	4	5
岩性	花岗闪长岩、二长花岗岩	—	石英闪长岩、砂板岩	—	—
距断层距离/m	4000～5000	3000～4000	2000～3000	1000～2000	0～1000
山坡坡度/(°)	0～8	45以上	8～16	30～45	16～30
高程/m	4104～4617	3590～4104	3076～3590	2562～3076	2048～2562
地震动峰值加速度 g	0.15	—	—	—	—
不良地质体密度/%	0～5	5～15	15～29	29～48	48～100
泥石流流量/m^3	3047946.03998～4188597.83795	4188597.83796～6307900.47886	6307900.47887～10078965.92806	10078965.92807～17171095.76260	17171095.76261～33989975.43279

续表

评价因子	等级赋值				
	1	2	3	4	5
河流沟谷费用距离/m	1000～5000	500～1000	200～500	50～200	0～50
6h 暴雨雨强/mm	25～30	30～35	—	—	—
NDVI 值	0.5～1	0～0.5	−0.4～0	−0.7～−0.4	−1～−0.7
土地利用类型	高覆盖草地、有林地、疏林地、灌木林、其他林地、河渠、湖泊	中、低覆盖草地，滩地，旱地、水田，水库坑塘	—	裸土地、未利用地、其他	城镇用地、农村居民点、其他建设用地

依据表 5.13 可以得出各影响因子的危险等级数据图，如图 5.15～图 5.25 所示。

图 5.15　研究区域地层岩性危险等级

图 5.16　研究区域距断层距离危险等级

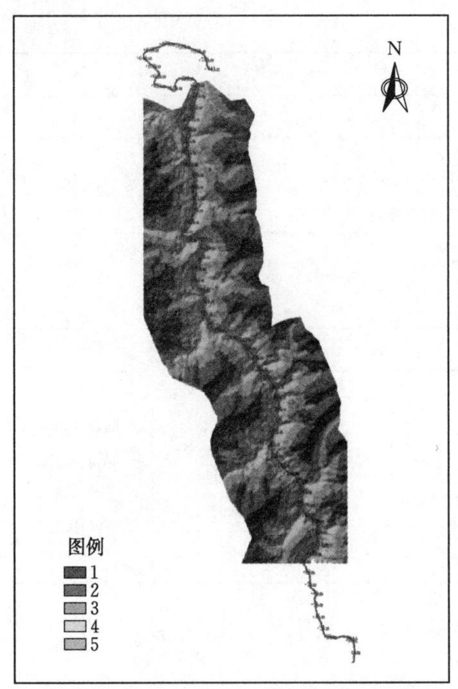

图 5.17 研究区域不良地质体危险等级

图 5.18 研究区域地震因子危险等级

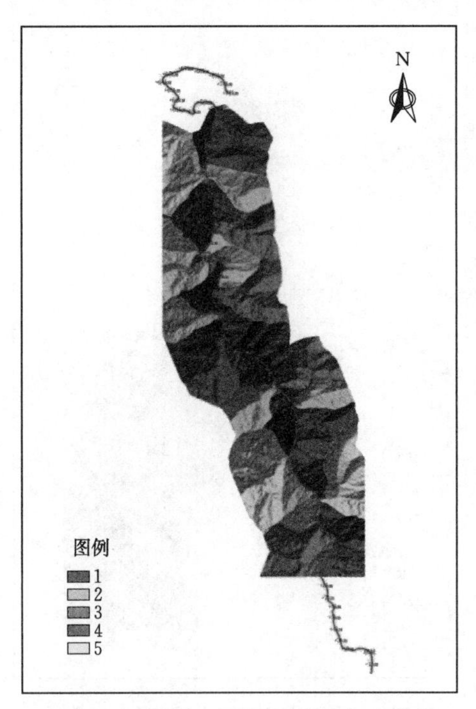

图 5.19 研究区域泥石流量危险等级

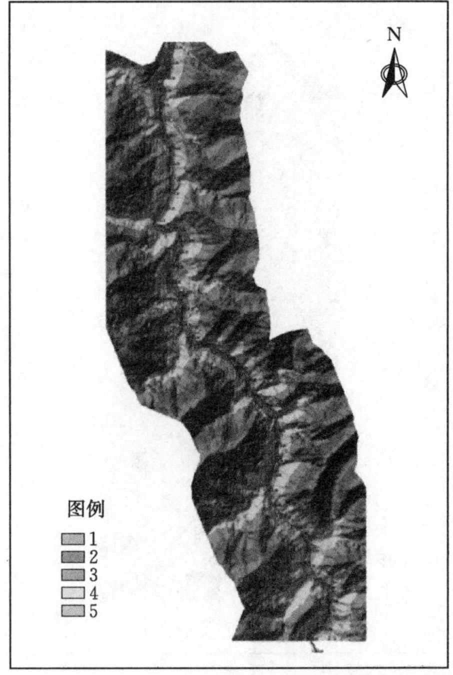

图 5.20 研究区域高程因子危险等级

图 5.21 研究区域坡度危险等级

图 5.22 研究区域距沟谷距离危险等级

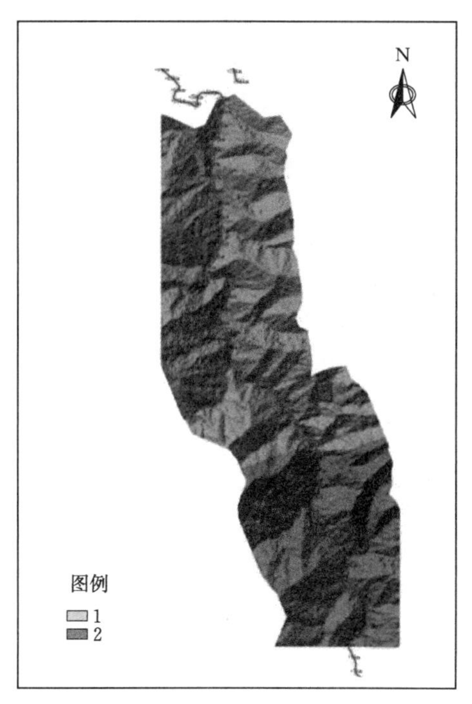

图 5.23 研究区域降雨强度危险等级

图 5.24 研究区域 NDVI 危险等级

图 5.25 研究区域土地利用危险等级

5.1.6 泥石流危险度评价结果

根据 5.1.5 节各影响因子权重和危险等级的划分，构建基于综合权重和危险等级的泥石流危险度评价模型。将该模型加载至 ArcGIS 环境下运行，得到研究区泥石流的危险度值，按照自然分割的原则将研究区泥石流危险度值划分为 4 类，分别为轻度危险区、中度危险区、较高危险区、高度危险区，计算结果见表 5.14、图 5.26 和图 5.27。

由图 5.26 和图 5.27 可知，高度危险区主要分布在雅砻江河谷及支流冲沟两侧；而轻度危险区主要分布在研究区的中部区域。可见，研究区的各泥石流影响因子的空间分布差异性导致了泥石流危险度也有着较高的空间差异性。

表 5.14 泥石流危险度值分区

危险区划分	轻度危险区	中度危险区	较高危险区	高度危险区
危险度值	[1.25, 2.01)	[2.01, 2.78)	[2.78, 3.55)	[3.55, 4.31)

图 5.26 泥石流危险度值

图 5.27 泥石流危险度分级

5.2 泥石流易损性评价

国家西部大开发战略的实施促进了西部各省经济的快速发展，同时带动了山区农村基础建设、住房与交通等方面的建设，也使得在暴发泥石流时其易损性也相应地增加。研究区居民点、交通以及企业等承灾体的多样性、复杂性和分布密度大造成易损性的提高。泥石流灾害具有突发性、破坏性以及局域性等特征，下面从 3 个方面分析泥石流灾害对承灾体易损性的影响。

（1）泥石流灾害空间分布差异，造成承灾体易损性巨大差异性。泥石流灾害在空间分布上存在巨大差异，使得承灾体的易损性也存在巨大差异。一般情况下，一是承灾体分布密度大，泥石流造成的易损性相对增加，反之则越小；二是承灾体位置的差异性，若承灾体处于泥石流易发区或者流经区，且处于危险等级较高区域，使得承灾体的易损性也就越大。

（2）泥石流灾害时间分布的差异性造成承灾体易损性不确定性。从泥石流灾害的时间分布特征上看，降雨在以下三方面为泥石流的发育和形成提供条件：①强降雨在地表产生径流，当地表存在丰富的物质条件时，地表水流携带大量泥沙和土石体，即已形成泥石流；②强降雨为泥石流提供充实的水分，使得以前松散的堆积物变为黏性，并随着水分增加进一步变为流动性强的稀性泥石流；③降雨为泥石流发育和形成提供动力条件。因此，对于研究区而言，降水对泥石流的形成有着至关重要的作用。但是我国降雨时间分布不均，泥石流的暴发主要受到降雨的激发，造成我国泥石流的爆发与降雨规律基本一致。根据气象站和水文站多年观测数据的降雨强度数据，分析降雨在时间和空间上变异性可知，研究的降水主要集中在5—9月，因此，这些月份是泥石流的高发季节。

（3）泥石流灾害成灾时间差异性造成承灾体易损性的随机性。从泥石流的暴发时间上看，白天和晚上使得处于危险区内的人员伤亡有很大不同。一般情况下，白天人口密度小，发生泥石流灾害时疏散的速度要快于晚上。因此在夜间暴发泥石流导致的损失远大于白天。

在分析泥石流灾害对承灾体易损性的基础上，提出易损性评价的基本思路如下：致灾因素分析主要确定影响易损性的各种因素，如突发性、成灾特点等因素。在分析致灾因素的基础上，分析各因子的易损性，并对易损性进行分析，最终构建易损性评价指标体系。在遥感解译和实地调查的基础上，构建基于GIS的易损性综合评价体系。

5.2.1 泥石流致灾因素分析

泥石流致灾因素主要包括泥石流暴发规模、泥石流危害面积、泥石流暴发时间、泥石流淤积厚度、泥石流的流速、泥石流持续时间以及泥石流流量大小等多种因素，与泥石流的致灾性存在一定函数关系，因此可用式（5.4）表示泥石流致灾性与各因素之间的函数关系。

$$D=f\left(\frac{M,A,T,V,h,\cdots}{F}\right) \tag{5.4}$$

式中：D 为泥石流的致灾性，无量纲；f 为函数关系，无量纲；F 为泥石流暴发的频率，Hz；M 为泥石流暴发规模，无量纲；A 为泥石流危害范围；T 为泥石流暴发的时间，白天或夜间；h 为泥石流的淤积厚度 ，m；V 为泥石流的流速，m/s；…表示其他影响灾害损失的因素，如泥石流的持续时间、流量大小等，无量纲。

下面基于式（5.4）分析各致灾因素与致灾性的函数关系：

（1）泥石流暴发规模。泥石流的规模越小，其影响范围就越小，造成的损失也就越少，反之，规模大，造成损失就高，两者具有正相关性。

(2) 泥石流危害范围。影响泥石流危害范围的因素很多，如泥石流流量、地形地貌等因素。泥石流的影响范围越大，涉及的人口数量、承灾体的面积就越多，导致泥石流的危险性就越大。

(3) 泥石流暴发的时间。泥石流暴发的时间造成的损失与人们的活动密切相关，白天人口活动多于晚上，导致晚上造成的损失多于白天；节假日人类活动大于正常工作日，因此造成的损失小。

(4) 泥石流的淤积厚度。通常情况下泥石流的淤积厚度越大，灾后恢复时间越长，造成的损失也就越多，两者具有正相关性。

(5) 泥石流的流速。通常情况下泥石流的流速越大，携带的泥沙、石块以及具有破坏性的巨石越多，同时流速越快，其动能越大，造成泥石流灾害破坏力增强，造成的损失也就越多，两者具有正相关性。

(6) 泥石流的持续时间。泥石流灾害的暴发常常具有突发性，经常在很短时间完成，导致人口、牲畜以及室内财物难以转移，从而造成损失。

(7) 泥石流暴发的频率。一般来说，一个区域堆积松散堆积物数量是一定的，在暴发一次泥石流后，大量的物质被带走，使得该地区形成泥石流的物质条件急剧下降，再次暴发泥石流的可能性降低。因此，泥石流暴发的频率与泥石流的成灾性成反比例函数关系。

因为影响泥石流致灾性的因素较多，在分析过程中要根据泥石流灾害特征有针对性地分析影响因素。

5.2.2 泥石流易损性评价指标

易损性评价涉及社会、经济和地质环境等各个方面，在构建评价指标体系过程中涉及内容非常复杂，详细描述各个环节所构建的指标体系过于烦琐。同时由于在现场调查泥石流的易损性分布时需要花费大量的人力物力和时间，尤其是承灾体的特征难以获取，上述问题决定了定量分析易损性是一项复杂而艰巨的任务。特别是针对山区开展易损性评价时，其评价指标的获取更为困难。因此在易损性评价指标体系构建过程中，应根据目标、任务有重点地选择评价指标因子。

目前，我国将易损性分为四大类：

(1) 物质易损性，指的是泥石流灾害暴发时建筑物和基础设施等的破坏程度。

(2) 经济易损性，指的是泥石流灾害对个人财产、经济收入和国民生产总值的影响程度。

(3) 环境易损性，指的是泥石流灾害暴发过程、堆积过程和恢复过程中对水资源、大气环境以及土地资源的破坏程度。

(4) 社会易损性，指的是泥石流灾害对人员的损害程度，及可导致人员结构的变化。

在上述四大类指标中，利用货币量对物质易损性和经济易损性进行量化，而环境易损性和社会易损性由于影响深远，不确定性大，量化过程非常复杂。考虑到物质、经济易损性实际上与社会易损性有很高的相关性。

承灾体特征不同，在泥石流灾害过程中易损性不同，如在城市泥石流灾害易损性评价中，物质易损性和经济易损性占主导，基础设施、建筑物以及其内的财产占到总损失量的80%，其次是泥石流灾害对土地资源的破坏，占到11%～19%，损失最少的是农作物，其所占的比例很少。这说明人口密集、建筑物密度高造成单位面积上经济价值高，在该区域暴发泥石流时其易损性高。

在以上易损性特征的基础上，结合目前国内关于其他自然灾害，如地震、滑坡、泥石流等相关灾害的易损性评价指标体系，使得本书选择的评价指标体系符合的科学性、系统性及客观性等原则。根据评价指标选取原则，结合承灾体的类型分布总体特征，本书共选取了人口指标、房屋建筑指标、生命线设施指标及农业用地指标4个类型的易损性指标进行易损性评价。房屋建筑指标、生命线设施指标和农业用地指标可以利用货币量进行量化，这3个指标可以统称为经济指标，而人口指标很难用货币的形式体现。

在开展泥石流灾害易损性评价过程中，实地调查最为费时费力，而对于小范围的泥石流，该方法调查精度高，实用性强，不失是一种好的方法。但对于涉及复杂承灾体的区域泥石流而言，通过实地调查进行易损性评价不仅浪费大量的人力、物力，而且工作效率极低。

虽然实地调查在承灾体分类及特征方面有较大的优势，但在对承灾体进行统计及归类时却不尽如人意，如对耕地面积等进行统计时误差较大，且整体分析功能较差，而这恰恰是遥感和GIS技术的优势所在，因此本书采用三维遥感解译和实地调查相结合的方式开展泥石流易损性评价研究。利用三维遥感在获取数据上的优势，再结合实地调查相互验证，保证解译的精度。本章采用精度为0.2m的孟底沟库区高清遥感数据对承灾体调查，如图5.28～图5.29所示。

通过对研究区域高清影像的承灾体进行解译，得到的结果如图5.30所示。

基于三维遥感解译技术和实地调查开展泥石流灾害易损性评价的基本过程与思路如下：

(1) 在GIS的支持下利用高分辨率的遥感影像对各个指标的空间分布特征进行标识，得到各承灾体的类型分布及空间分布图。

图 5.28　研究区域承灾体遥感影像——建筑物、农田

图 5.29　研究区域承灾体遥感影像——公路

（2）在各承灾体分布类型的基础上，对解译的承灾体的分布特征和空间范围进行分析，利用实地调查对各类承灾体的数量（面积）进行统计，确定不同类型承灾体的数量（面积），得到承灾体的密度分布图。

（3）在此基础上，根据指标的特征进行承灾体的易损等级划分，并将分级进行赋值，将各类指标的权重和易损等级的成绩作为易损性分级的依据，再对计算的结果进行分级归类，并给各个分级赋予相应的空间属性，用不同的颜色予以表示，得到泥石流灾害易损性分布图，流程如图 5.31 所示。

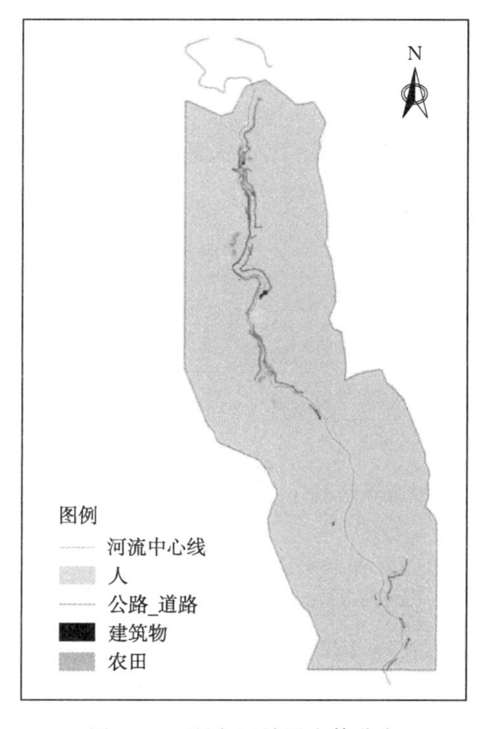

图 5.30　研究区域承灾体分布

5.2.2.1　人口指标

在泥石流灾害易损性评价过程中人口指标最难量化，影响人口指标量化的因素主要有：①人的价值无法用货币进行衡量，而且不同地区、不同国家甚至不同年龄的人，在衡量其价值时无法统一标准；②人口结构、受教育程度、创造财富的能力等；③人口的年龄、性别，小孩、老人、青壮年和妇女等均影响易损性评价。因此针对上述复杂因素，根据我国颁布的《地质灾害防治条例》，地质灾害灾情与危害程度分

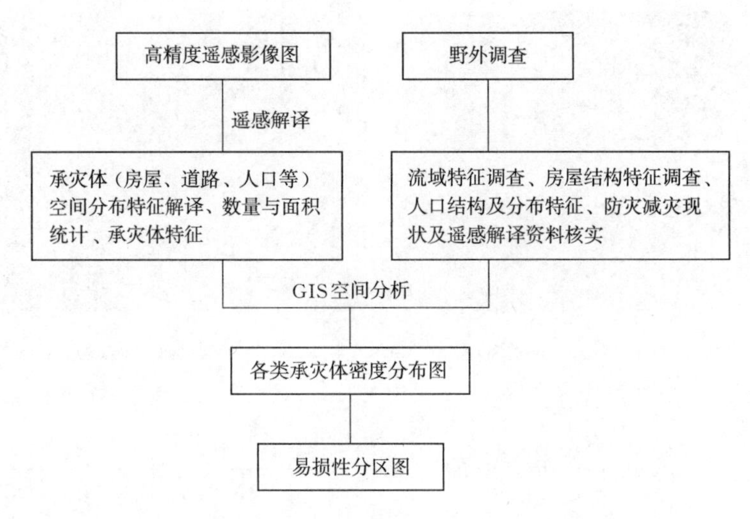

图5.31　泥石流易损性分布特征图

级标准中主要采用死亡人数和受威胁人数两个主要指标对灾害进行分级（表5.15）。

表5.15　地质灾害灾情与危害程度分级标准

灾害程度分级	死亡人数/人	受威胁人数/人
一般级（轻）	<3	<10
较大级（中）	3～10	10～100
重大级（重）	10～30	100～1000
特大级（特重）	>30	>1000

泥石流灾害造成的人员伤亡是指其直接造成的人员伤亡，可根据人员的伤亡情况分为3个等级：轻伤、重伤和死亡。

受威胁人数主要体现以下3个方面：

(1) 不同泥石流危险区内人员的易损性不同，越危险的区域，人员的易损性越高。

(2) 个体的承灾能力大小。人类在自认灾害面前是渺小的，因此在灾害面前个体的承灾能力在一定程度上不能降低易损性。

(3) 人口密度分布特征。人口越密集，在暴发泥石流时人员伤亡概率越大；反之，人口密度很小或者是无人区，则泥石流灾害造成的人员伤亡概率很小或者为0，由此可见人口密度的大小与易损性大小成正比关系。

由于人口的流动性，在统计人口密度分布特征时较为困难，一般情况下有两种方法，第一种方法是利用居民住宅的数量和面积等参数估算人口密度分布特征，即通过居民建筑的分布特征估算人口密度分布特征。但由于研究区多处于山区，不是一个完整的规划区域，很难通过房屋调查确定研究区内人口的密度分布特征。第二种方法是通过实地调查获取人口数量，求取单位面积上人口密度分布特征，该方法效率低、费时间和费物力，对小范围泥石流调查较为实用，但针对区域泥石流的人口密度特征分布时该方法显然不适用。对于区域泥石流而言，主要采用两种方法相结合估算人口密度函数。基于上述论述，利用高分辨率的三维遥感数据和GIS技术，识别出居民区边界，采用格栅化的形式对研究区进行划分，将格栅化后的图层和解译的居民房屋进行叠加，根据居民房屋建筑面积的大小来确定人口分布密度的大小，确定居民地的人口密度。利用上述方法计算出孟底沟库区人口密度分布密度图（图5.32）。

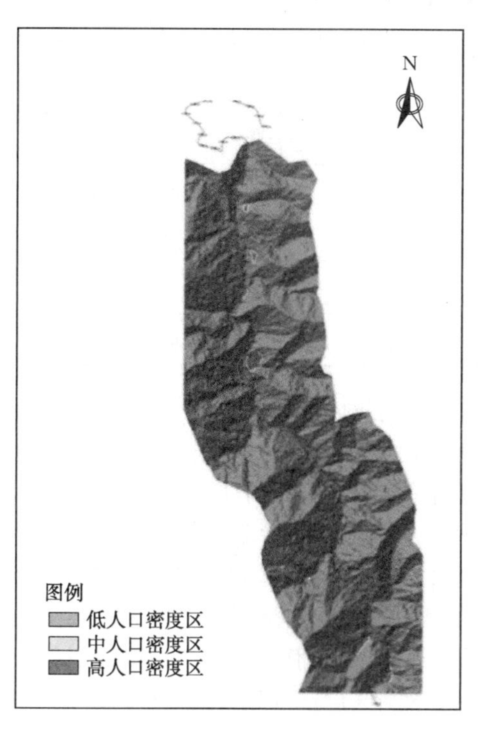

图5.32 研究区域人口分布密度图

5.2.2.2 房屋建筑指标

在泥石流灾害暴发时最易受到损害的是建筑物，人员是流动的，在泥石流灾害来临时可以紧急疏散，降低人员伤亡，而建筑物则无法移动。针对泥石流对建筑物破坏的特点，房屋建筑主要指的是居民住宅、学校、工厂、企事业单位办公建筑和商业活动建筑物以及室内个人财产，分析影响建筑物易损性的因素，主要为建筑物本身的结构特征和建筑物所处位置。

（1）建筑物的结构。一般情况下，建筑物的结构类型有砖混结构、框架结构、土木/砖木结构三种，框架结构柱体为混凝土结构，其易损性最低；其次为砖混结构；易损性最高的为土木/砖木结构。

（2）建筑物所处位置。当建筑物处于高危危险区时则易损性相对较高，反之当建筑物位于轻度危险区时则易损性较低。

针对上述分析，根据建筑物本身的破坏程度将其进行分级，主要分为5个等级，即基本完好、轻微破坏、中等破坏、严重损坏和毁坏，具体分级标准见

表5.16。

表5.16　房屋破坏等级划分标准

破坏分类	破坏特征
基本完好（含完好）	房屋承重构件完好，个别非承重构件轻微破坏，不加修理可继续使用
轻微破坏	个别承重构件出现可见裂缝，非承重构件有明显裂缝，不需修理或稍加修理可继续使用
中等破坏	多数承重构件出现轻微裂缝，部分有明显裂缝，个别非承重构件破坏严重，需一般修理
严重破坏	多数承重构件严重破坏，或有局部倒塌，需要大修，个别房屋修复困难
毁坏	多数承重构件严重破坏，结构濒于崩溃或已倒毁，已无修复可能

对于不同结构的建筑物，在分析其破坏程度上也不能一概而论。数量和面积相同而结构不同的建筑物损失的经济价值是不同的，框架结构的建筑物远大于土木/砖木结构；同样对于同一类型的建筑物，不同的破坏程度造成的经济损失大小也不相同，如严重破坏的建筑物需要需要大修，个别房屋修复困难，其造成的经济损失远大于轻微破坏建筑物。

因此，对同一类型承灾体进行经济损失估算时，考虑承灾体本身特征差异进行分类比较是很有必要的。根据泥石流对房屋建筑可能造成的破坏特征，将每种建筑结构类型都进行了三级划分：彻底破坏、严重破坏和轻微破坏，详见表5.17。

表5.17　房屋可能被泥石流破坏的特征分类

房屋结构类型	潜在破坏特征
框架结构	彻底破坏
	严重破坏
	轻微破坏（通过维修后尚可住人）
砖混结构	彻底破坏
	严重破坏
	轻微破坏（通过维修后尚可住人）
土木结构	彻底破坏
	严重破坏
	轻微破坏（通过维修后尚可住人）

在对房屋建筑遥感解译的基础上，根据房屋的结构特征（框架结构、砖混结构和砖混结构）进行了划分并赋值，并用不同的颜色表示出来，进行分级。并且根据建筑物分级情况对整个库区进行分级密度统计，得到建筑物分级分布密度图（图5.33）。

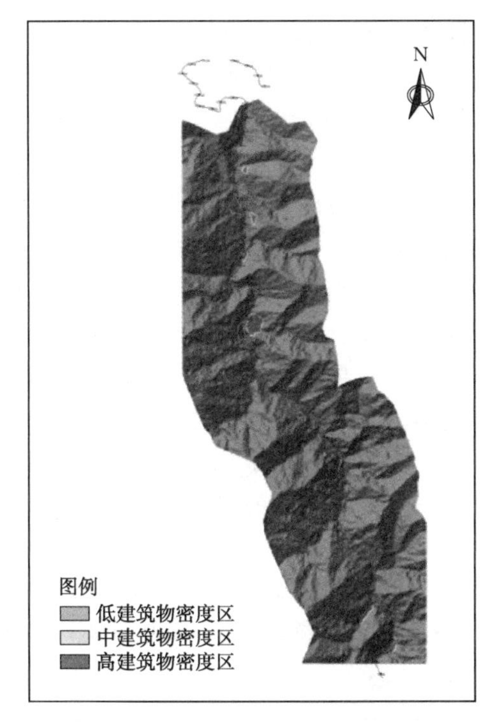

图5.33 研究区域建筑物分级分布密度图

5.2.2.3 农业用地指标

泥石流灾害携带大量的石块、淤泥以及其他杂物，在泥石流暴发过后其所携带的物质发生堆积。堆积物覆盖在耕地上破坏土壤层，同时淤积厚度越大清淤时间越长，从而会导致错过农时，造成更大的经济损失；同时耕地易损性跟其所处的位置有极大的关系，也与生长的作物种类密切相关，经济作物的损失大于农作物。因此，这里的农业用地指标只能概括地进行分析，而没有按具体的类型进行划分，具体等级划分见表5.18。

表5.18 农业用地破坏等级划分标准

等级	特征
轻微危害	少量泥沙淤埋，清理后对土壤结构影响较小，对土地生产基本没有影响
中等危害	泥沙淤埋使地面特征和土壤结构有很大破坏，恢复较困难，恢复后土地生产能力在五年内不能达到原有水平
严重危害	全部毁坏，仅部分可恢复利用，且恢复费用大

对孟底沟库区遥感影像进行农田、林地等农业用地的解译，得到农业用地分布密度图（图5.34）。

5.2.2.4 生命线设施指标

生命线设施指供水、供电、粮油、排水、燃料、热力系统及通信、交通等城市公用设施。生命线主要包括以下三大类：

（1）空中设施，指的是架空的供电线路、通信电缆，泥石流对空中设施的破坏主要是冲倒电杆，由于电杆分布密度小，易损性较低。

（2）地面设施，指的是公路、铁路和城市公用设施，泥石流对地面设施的破坏主要表现为冲毁、掩埋与淤积，公路交通四通八达，某一段的损坏可能导致交通瘫痪，因此泥石流灾害对地面设施的破坏远大于空中设施。

（3）地下设施，指的是供水管道、供油管道、供气管道以及热力管道等埋藏于地下的设施。泥石流的破坏形式主要为冲毁、掩埋和淤积，因此对于地下设施而言其破坏相对较低。

根据以上分析，上述的承灾体在空间上的分布决定了承灾体本身的易损性不同，若承灾体在空间上分布于较低危险区域，则其易损性就小，反之，处于较高危险区，则易损性就越高。同样对于处于同一危险程度的承灾体而言，承灾体自身的结构决定了其易损性的程度，也就是说，混凝土结构的承灾体的易损性要小于土木结构的承灾体。

孟底沟区域为高山峡谷地区，生命线设施局限于乡村盘山公路、桥梁、手机信号塔等少数设施。本章结合 GIS 遥感解译结果和现场勘查结果，将以道路、桥梁为主，忽略其他因素影响，得到道路、桥梁分级分布密度图，见图 5.35。

图 5.34　研究区域农业用地分布密度图

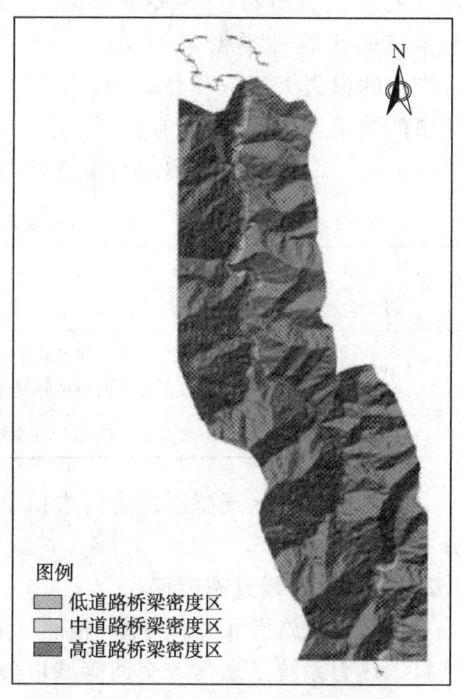

图 5.35　研究区域道路、桥梁分级分布密度图

5.2.3 泥石流易损性评价

5.2.3.1 泥石流易损性评价指标分类及调查

遥感技术在易损性评价指标数据获取方面具有很大的优势，为了能得到精度较高的评价结果，本章结合实地调查对承灾体的类型和特征数据进行获取，数据的获取主要围绕建筑物、人口、基础设施和农业用地四大类开展，主要包括如下几个方面：

（1）建筑物。在泥石流灾害承灾体易损性调查中，评价者可以采用抽样调查、重点调查、典型调查和普查等方式，对各类型承灾体的特征进行分类，如房屋建筑可分为框架结构、砖混结构、土木结构等，并在相应的地图上对建筑物的结构特征分别做出标记，以便室内分类统计和计算。同时利用高分辨率的遥感影像图（航片或卫片）确定建筑物的类型、数量和空间分布特征，得到建筑物空间分布和密度分布图。

（2）人口。对人口指标的提取主要是在房屋建筑物类型与特征的基础上开展的，主要将房屋建筑功能分为居民住宅和非居民用房。对于人口分布来说，由于其分布特征与建筑物的类型有很大关系，如居民小区、学校与工矿企业等不同建筑类型导致人口密度不同，因此人口密度分布特征较难确定。

（3）基础设施和农业用地。对于研究区内的房屋、农业用地、生命线设施等承灾体的特征，首先利用高分辨率的遥感影像提取类型、数量和空间分布特征；然后利用实地调查进行识别；最后再利用 GIS 工具对承灾体的数量和类型进行分类统计，得到承灾体空间分布和密度分布图。

为了减少实地调查的工作量，规范调查内容，制作泥石流灾害承灾体指标分类调查内容表格，见表 5.19。

表 5.19　　泥石流灾害承灾体指标分类调查内容

统计项目		调查内容	
		分类	调查要素
人口		人口数量	人口的空间分布情况
建筑物	结构破坏	建筑结构类型和数量	总面积、单价
生命线设施	交通设施	道路、桥梁等	毁坏程度、路面等级
农业用地	土地	耕地、林地	面积、程度、种类及单价

5.2.3.2 易损性评价

（1）承灾体的特征不一样，影响其易损性的因素也不完全相同。因此，影响承灾体的易损性因素需要依据承灾体本身的特征而定，不能一概而论。如人口分布密度主要影响人口易损性指标，一般条件下，人口越密集，其易损性越大。

(2) 对于房屋建筑物、农业用地和生命线设施等承灾体，主要考虑两方面：①承灾体本身的结构特征，如建筑物的结构类型有框架结构、砖混结构和土木结构；②承灾体分布特征，主要确定承灾体所处的位置是否在泥石流影响范围内，进一步判断是否处于高危危险区。

(3) 在分析承灾体易损性影响因素的基础上，对承灾体的易损性进行量化并赋值，得出各承灾体易损性的定量值。

(4) 利用GIS技术的空间叠加分析功能，将各个指标的结构特征进行分类（如房屋的框架结构、砖混结构），并在此基础上进行数值化和归一化处理，给每个评价指标的相应特征进行赋值（表5.20），然后将赋值以高、中、低3个易损度分级进行划分，并用不同颜色表示危险等级的区域，最终得到易损性分区图。

表5.20　承灾体易损性赋值表

承灾体指标分类	承灾体所处危险区	承灾体特征	易损性V	易损性级别
人口指标	高危险区（0.5）	高密度区（0.5）	0.25	高
		中密度区（0.3）	0.15	中
		低密度区（0.2）	0.1	中
	中危险区（0.4）	高密度区（0.5）	0.2	高
		中密度区（0.3）	0.12	中
		低密度区（0.2）	0.08	低
	低危险区（0.1）	高密度区（0.5）	0.05	低
		中密度区（0.3）	0.03	中
		低密度区（0.2）	0.02	低
房屋建筑指标	高危险区（0.5）	框架结构（0.2）	0.1	低
		砖混结构（0.3）	0.15	中
		土木结构（0.5）	0.25	高
	中危险区（0.4）	框架结构（0.2）	0.06	低
		砖混结构（0.3）	0.09	低
		土木结构（0.5）	0.15	中
	低危险区（0.1）	框架结构（0.2）	0.04	低
		砖混结构（0.3）	0.06	低
		土木结构（0.5）	0.1	中

续表

承灾体指标分类	承灾体所处危险区	承灾体特征	易损性 V	易损性级别
生命线设施	高危险区（0.5）	地下设施（0.2）	0.1	低
		空中设施（0.3）	0.15	中
		地面设施（0.5）	0.25	高
	中危险区（0.4）	地下设施（0.2）	0.06	低
		空中设施（0.3）	0.09	低
		地面设施（0.5）	0.15	中
	低危险区（0.1）	地下设施（0.2）	0.04	低
		空中设施（0.3）	0.06	低
		地面设施（0.5）	0.1	中
土地利用	高危险区（0.5）	高价值区（0.5）	0.25	高
		中价值区（0.3）	0.15	中
		低价值区（0.2）	0.1	中
	中危险区（0.4）	高价值区（0.5）	0.2	高
		中价值区（0.3）	0.12	中
		低价值区（0.2）	0.08	低
	低危险区（0.1）	高价值区（0.5）	0.05	低
		中价值区（0.3）	0.03	中
		低价值区（0.2）	0.02	低

根据承灾体易损性的大小程度将其分为高、中、低3个等级，分级标准见表5.21。依据分级标准，在对承灾体类型调查和解译的基础上，计算承灾体的易损性，利用GIS空间叠加和分析功能得到研究区易损性分区图。

表5.21　　承灾体易损性量化分级标准

易损伤分级	量化值	易损伤分级	量化值
低	$0<V<0.1$	高	$V\geqslant0.2$
中	$0.1\leqslant V<0.2$		

综合孟底沟人口、房屋建筑、农业用地和道路桥梁的易损性分级分区情况，对各项指标进行评价打分，综合这几种因素，得到总的研究区域承灾体易损性评价图（图5.36）。并根据表5.25的分级标准，得到研究区域承灾体易

损性分区图（图 5.37）。

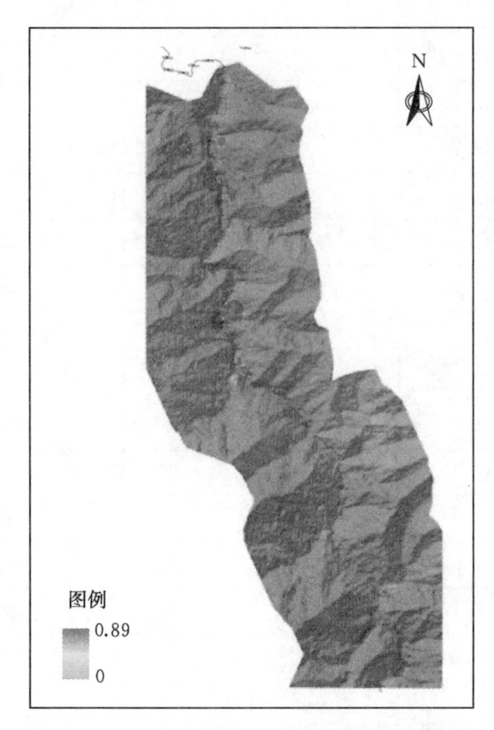

图 5.36 研究区域承灾体易损性评价图

图 5.37 研究区域承灾体易损性分区图

5.3 泥石流风险评价

本书对泥石流风险评价主要是在泥石流危险性评价和易损性评价的基础上开展的，泥石流灾害暴发时，其威胁的对象可以是一个居民点，也可以是一个乡镇，承灾体可能是居民住宅、交通设施、电力设施等。另外对泥石流风险评价过程中不仅考虑泥石流的内在特征（危险性），更多地要考虑泥石流引起外在特征（承灾体易损性），因此，泥石流风险评价的内容是非常广泛的。

5.3.1 泥石流风险评价理论模型

根据以上分析可知，泥石流风险评价理论模型包括三部分：泥石流的危险性、泥石流的易损性和承灾体的数量。因此构建泥石流风险性和易损性的风险评价理论模型，泥石流灾害风险的计算公式可表示如下：

$$R = HVA \quad (5.5)$$

式中：R 为风险性，无量纲；H 为泥石流的危险性，无量纲；V 为泥石流的易损性，无量纲；A 为承灾体数量，个。

由危险性、易损性的相互作用和影响关系可以看出，风险与危险性、易损性以及承灾体的数量成正比关系，也就是说，在泥石流危险性很低的条件下，泥石流的风险性也较低；同理承灾体的数量较少或者没有时，泥石流的风险性较低。通过以上分析可知，上述简单的理论模型可以反映泥石流的风险性。

5.3.2 泥石流风险评价指标及赋值

从前人的研究结果来看，风险计算主要有两种方法：一种是连续的计算方法，即认为风险的分布是连续的，这主要是根据易损性的连续分布特征推导出来的；另一种是分类计算方法，即将风险看作是危险、易损性的综合函数结果，是非连续性的。

本书主要采用非连续性的风险计算方法，即通过对指标的量化赋值，根据风险计算的公式计算得到风险的量化值，最后得到风险评价结果。

（1）泥石流危险性赋值。本章 5.1 节泥石流危险性分级采用的是 1～5 分的评价标准，在计算风险性评价时，为了统一成同一标准，将采用和易损性相同的打分标准，即把危险度评价乘以相应的系数进行折减，得到 0～1 的危险性评价体系。

（2）泥石流易损性赋值。承灾体易损性大小除了受泥石流灾害自身的特征影响外，还跟承灾体的类型、结构特征及所处位置等有密切的联系。本章 5.2 节已经进行相应评价工作，不再详述。

5.3.3 泥石流风险计算及评价

在技术方法上，主要应用 ArcGIS 系统的栅格计算功能，结合高分辨率遥感影像图和 1∶5 万流域地形图，将泥石流危险性分区量化计算值、易损性分区量化计算值进行数字叠合分析，得到泥石流风险评价图（图 5.38）。同样将分级的计算值作为划分高、中、低风险区的上下限界值，并用不同颜色或图斑表示各风险等级的区域（高风险、中风险和低风险），最终根据风险分级确定风险分级图（图 5.39）。

本书基于三维遥感解译和 GIS 空间分析功能建立了区域泥石流定量评价模型，实现了对区域泥石流的定量评价研究，有利于提高山区工程建设和泥石流灾害应急决策的科学水平，本书主要内容如下：

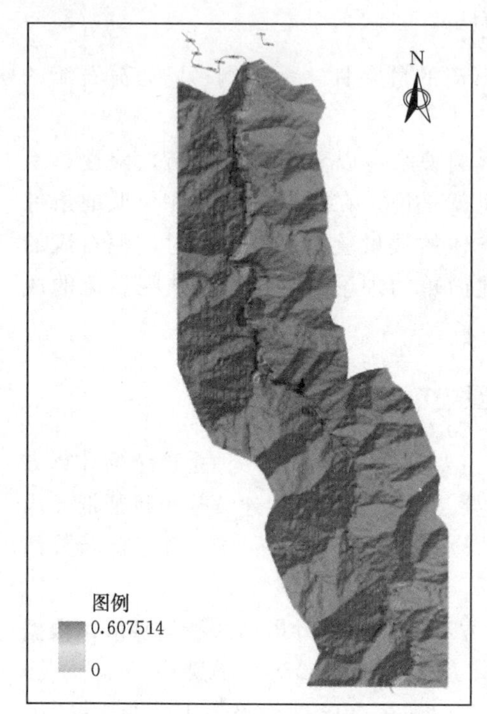

图 5.38 研究区域泥石流风险评价图

图 5.39 研究区域泥石流风险分级图

(1) 基于三维遥感影像解译技术和 GIS 空间分析功能提出了一种关于泥石流土石量的快速计算方法。结合研究区 DEM 地形图，使用三维系统中的测量工具，判断泥石流汇水区内沟谷类型，提出将泥石流沟谷按谷口宽度和沟谷深度比值划分为 0 次谷和 1 次谷的概念，并把泥石流 0 次谷和 1 次谷中土石量分为沟谷中可能移动的土石量和一次降雨所能搬运的土石量两种计算方法，使泥石流土石量的计算更加精细化。本计算方法为区域泥石流灾害研究在现场条件恶劣、无法进行现场调查时提供了一种快速计算泥石流流量的方法，对泥石流灾害应急决策具有重要意义。

(2) 利用统计学方法建立了泥石流影响范围经验公式。在 GIS 地形分析的基础上，提出孟底沟库区区域泥石流影响范围与溪流倾角关系统计公式，成功模拟了相似地质条件下高山峡谷地区泥石流影响范围，为今后泥石流影响范围提出一种简单快速评价的思路。在具有相同和类似地质构造条件的山丘地区，其边坡破坏形式及泥石流灾害往往表现出相同和相近的特征，因此在分析大范围山丘区域内的泥石流灾害时，对既往泥石流灾害的研究可用于邻近区域泥石流灾害再发可能性分析。

(3) 提出了一种客观性、适用性非常强的，基于泥石流流量体积守恒的预测泥石流淹没沟谷横截面积和平面面积的半经验公式：$A=0.05V^{2/3}$，$B=200V^{2/3}$，并以盂底沟库区为例进行了实际模拟。在野外调查的基础上，使用这些半经验公式构成的模型可以很方便地模拟泥石流淹没区，划定泥石流危险范围，对泥石流风险预测具有重要的意义。

（4）基于质量守恒方程和 Naiver - Stokes 方程，利用深度积分的方法，经过一系列的公式推导，建立了一个模拟泥石流运动的二维数学模型。结合 GIS 的空间分析功能，该模型可以用来模拟泥石流的运动过程、流动的距离和泥石流的影响范围，结合航拍图片，可以很直观地看到受泥石流灾害影响的房屋、桥梁和路段等，为泥石流灾害的风险分析提供了一种研究平 台。

（5）在泥石流土石量和影响范围定量计算和模型研究基础上，分析泥石流致灾因子特征，构建基于栅格单元的泥石流危险性评价，将研究区分为轻度危险区、中度危险区、较高危险区和高度危险区。高度危险区主要分布在雅砻江河谷及支流冲沟两侧；轻度危险区主要分布在研究区的中部区域。可见，由于研究区的各泥石流影响因子的空间分布差异性，泥石流危险度也有着较高的空间差异性。

（6）利用高精度遥感解译技术，结合野外调查，确定承灾体空间分布特征、数量、面积以及承灾体特征，在 GIS 技术的支持下进行数值化和归一化处理，给每个评价指标的相应特征进行赋值，然后将赋值以高、中、低 3 个易损度分级进行划分，并用不同颜色表示危险等级的区域，最终得到易损性分区图。高易损度的区域主要分布于泥石流沟口的人口聚集区，低易损度的区域主要分布于山谷两侧人口和农田稀少的区域。

（7）基于三维遥感和 GIS 技术，采用层次分析法（AHP），建立了一套快速评价降雨引发区域泥石流风险评价的方法。通过对区域泥石流危险性和易损性影响因子的分析和评价，采用层次分析法，结合专家打分，在 GIS 平台上将区域泥石流风险评价由定性评价变为了对泥石流风险定量的评价，探讨了一套适合区域泥石流灾害快速风险评价的方法和体系。

参 考 文 献

[1] 唐邦兴．中国泥石流［M］．北京：商务印书馆，2000.

[2] 徐俊名．全球泥石流分布［C］//中国科学院成都地理研究所．全国泥石流学术会议论文集．成都：四川科学出版社，1980.

[3] 高克昌．基于GIS和数值天气预报的区域泥石流预报辅助决策支持系统——以西南三省一市为例［D］．成都：中国科学院水利部成都山地灾害与环境研究所，2006.

[4] 韦方强，谢洪，JOSE L. Lopez. 委内瑞拉1999年特大泥石流灾害［J］．山地学报，2000，18（6）：580-582.

[5] 丁明涛，田述军．滑坡泥石流风险评价及其应用［M］．北京：科学出版社，2013.

[6] 马东涛，张金山，冯自立，等．云南省德宏州及保山市2004年汛期特大滑坡泥石流灾害［J］．中国地质灾害与防治学报，2004，15（4）：119.

[7] SATIO M. Forecasting time of slope failure by tertiary creep［C］//Proc. 7th Int. Conf on soil Mechanics and Foundation Engineering. Mexico City，1969，2：677-683.

[8] 张梁，张业成，罗元华，等．地质灾害灾情评估理论与实践［M］．北京：地质出版社，1998.

[9] 李俣继．合阳县地质灾害系统与防治区划研究［D］．西安：西安科技大学，2004.

[10] Tamotsu Takahashi. Debris Flow：mechanics，prediction and countermeasures［M］. Taylor & Francis，2007.

[11] HOEK E，BARY J. W. Rock slope engineering［M］. CRC Press，1981.

[12] 罗元华，陈崇希．泥石流堆积数值模拟及泥石流灾害风险评估方法［M］．北京：地质出版社，2000.

[13] 杜榕桓，康志成，陈循谦，等．云南小江泥石流综合考察与防治规划研究［M］．重庆：科学技术文献出版社重庆分社，1987.

[14] 吴积善，康志成，田连权，等．云南蒋家沟泥石流观测研究［M］．北京：科学出版社，1990.

[15] 中国水土保持学会，云南地理研究所，云南省计委国土办，等．首届全国泥石流滑坡防治学术会议论文集［M］．昆明：云南科技出版社，1993.

[16] 刘希林，莫多闻．论泥石流及其学科性质［J］．自然灾害学报，2001，10（3）：1-5.

[17] 吴积善，田连权，康志成，等．泥石流及其综合治理［M］．北京：科学出版社，1993：11-19.

[18] C. M. 弗莱施曼．泥石流［M］．姚德基，译．北京：科学出版社，1986.

[19] MAJOR J J，IVERSON R M. Debris flow deposition：effects of pore fluid pressrue and fricition concentrated at flow margin［J］. Geololgical Society of America Bulletin，1999，111（10）：1424-1434.

[20] IVERSON E M，REID M E，IVERSON N R，et al. Acute sensitivity of landslide

rates to initial soil porosity [J]. Science, 2000, 290: 513-516.

[21] 吴积善，田连权. 论泥石流学 [J]. 山地研究，1996，14 (2): 89-95.

[22] HUNGR O. Analysis of debris flow surges using the theory of uniformly progressive flow [J]. Earth Surface Processes and landforms, 2000, 25: 483-495.

[23] GREGORETTI C. The initiation of debris flow at high slope: experimental results [J]. Journal of Hydraulic Research, 2000, 38 (2): 83-88.

[24] Tamotsu Takahashi. Debris flow [J]. Rotterdam: A A Balkema, 1991: 1-165.

[25] 水山高久. シミユレーションによる十勝岳大正泥流の再現 [J]. 地學雜誌，1990，99 (6): 717-723.

[26] 田连权，吴积善. 三十年来的中国泥石流研究 [J]. 自然灾害学报，1995，4 (1): 64-73.

[27] 田连权，吴积善，康志成. 泥石流侵蚀搬运与堆积 [M]. 成都：成都地图出版社，1993.

[28] 诹访浩，山越隆雄，佐藤一幸. 根据地基震动推测泥石流规模 [J]. 水土保持科技情报，2000 (4)，50-53.

[29] 谢修齐，沈寿长. 一种采用输移浓度为主要参数的泥石流流量计算新方法 [J]. 北京农业大学学报，2000，22 (3): 76-80.

[30] 刘希林. 国外泥石流机理模型综述 [J]. 灾害学，2002 (4): 1-4.

[31] Takahashi T. Debris flow on prismatic open channel [J]. Journal of Hydraulic Division, 1980, 106 (3): 381-396.

[32] Takahashi T, Tsujimmoto H. Delineation of the debris flow hazardous zone by a numerical simulation mothod [C] //Proceeding of International Symposium On Erosion, Debris Flow and Disaster Prevention. Tsukuba: Japan of Erosion Control Engineering Soeiety, 1985: 457-462.

[33] 石川芳治，水山高久，井户清尾. 堆积扇上泥石流堆积泛滥机理 [C] //泥石流及洪水灾害防御国际学术会议论文集：A (泥石流)，1991: 27-31.

[34] 山下佑一，石川芳治. 土石流の直击を受ける范围の设定 [J]. 新砂防，1991，44 (2): 22-25.

[35] 池谷浩，米尺谷，诚悦. 土石流危险区域の设定に关する研究 (第二报) [J]. 土木技术资料，1979，21 (9): 46-50.

[36] 高桥保. 土石流の堆积危险范围の预测 [J]. 第17回自然灾害科学总合ツンボツラム，1980: 133-148.

[37] 水山高久，渡边正幸，上原信司. 土石流の堆积形状 [J]. 第17回自然灾害科学总合ツンボツラム，1980: 169-172.

[38] 高桥保，中川一，山路昭彦. 土石流泛滥危险范围の指定法に关する研究 [J]. 京都大学防灾研究所年报，1987，35 (B-2): 611-625.

[39] 水山高久，下东久己. 土石流扇形地の地形と土石流の堆积泛滥 [J]. 新砂防，1985，37 (6): 11-19.

[40] 水山高久，北原一平. 土石流泛滥シミュレションそラルよ为土石流对策的效果评价 [J]. 新砂防，1989，40 (5): 14-21.

[41] Mizuyama T, Yazawa A. Computer simulafion of debris flow depositional processes

[C] //Erosion and Sedimentation in the Pacific Rim. Wallingford: IAHS Press. 1987: 179 - 190.

[42] O'BRIEN J S, JULIAN P Y, FULLERTON W T. Two - dimensional water flood and mud flow simulation [J]. Journal of Hydraulic Engineering, 1993, 119 (2): 244 - 261.

[43] HUNGER O, MORGAN C, VANDINE D F, et al. Debris flow defenses in British Columbia [J]. Geological Society of America Reviews in Engineering Geology, 1987, 7 (2): 201 - 222.

[44] 唐川，刘希林，朱静．泥石流堆积泛滥区危险度的评价与应用 [J]. 自然灾害学报，1993，2 (4)，79 - 84.

[45] 绍颂东．流团模型在洪水与泥石流大尺度流动计算中的应用 [D]. 北京：清华大学，1997.

[46] 罗元华．泥石流堆积数值模拟及泥石流灾害风险评估方法研究 [D]. 武汉：中国地质大学，1998.

[47] 刘希林，唐川，张松林，等．泥石流危险范围模型实验 [J]. 地理研究，1993，12 (2)：77 - 85.

[48] 刘希林，唐川．泥石流堆积扇泛滥范围的流域背景预测法 [C] //中国减轻自然灾害研究会．全国减轻自然灾害研讨会论文集．北京：气象出版社，1992.

[49] 刘希林．泥石流堆积扇危险范围雏议 [J]. 灾害学，1990，5 (3)：86 - 89.

[50] 刘希林．论泥石流堆积扇危险范围的确定方法 [C] //中国减轻自然灾害研究会．全国减轻自然灾害研讨会论文集．北京：中国科学技术出版社，1990.

[51] 刘希林，唐川，陈明，等．泥石流危险范围的实验研究 [C] //中国水土保持学会．首届全国泥石流滑坡防治学术会议论文集．昆明：云南科学技术出版社，1993.

[52] 刘希林，唐川．泥石流危险性评价 [M]. 北京：科学出版社，1995.

[53] 柳金峰，欧国强，游勇．泥石流流速与堆积模式之实验研究 [J]. 水土保持研究，2006，13 (1)：120 - 121.

[54] 杨军，刘兴荣，冯乐涛，等．洛门镇响河沟泥石流危险性评价与危险范围预测 [J]. 防灾科技学院学报，2009，11 (2)：83 - 86.

[55] 周志广，李广杰，陈伟韦．磐石市富太镇泥石流危险性评价与危险范围预测 [J]. 水文地质工程地质，2007，2 (2)：101 - 105.

[56] 刘希林，唐川，朱静，等．泥石流危险范围的流域背景预测法 [J]. 自然灾害学报，1992，1 (3)：56 - 57.

[57] 李阔，唐川．泥石流危险范围预测模型及在昆明东川城区的应用 [J]. 地球科学与环境学报，2006，28 (4)：70 - 72.

[58] 李同春，李杨杨，章书成，等．泥石流泛滥区域数值模拟 [J]. 水利水电科技进展，2008，28 (6)：1 - 4.

[59] 唐川．泥石流堆积泛滥过程的数值模拟及其危险范围预测模型的研究 [J]. 水土保持学报，1994，8 (1)：45 - 50.

[60] 张晨，陈剑平，王清，等．泥石流危险范围预测及在乌东德地区的应用 [J]. 吉林大学学报（地球科学版），2010，40 (6)：1365 - 1370.

[61] IVERSON, RICHARD M. The physics of debris flows [J]. Reviews of Geophysics,

1997，35（3）：245－296.
［62］ 足立胜治，德山九仁夫，中筋章人，等．土石流发生危险度的判定［J］．新砂防，1977，30（3）：7－16.
［63］ 高桥保．土石流堆积危险范围的预测［J］．自然灾害科学，1980（17）：133－148.
［64］ 高桥保，中川一，佐藤宏章．扇状地土砂泛滥灾害危险度的评价［J］．京都大学防灾研究所年报，1988，31（2）：655－676.
［65］ TAKAHASHI T. Estimation of potential debris flows and their hazardous zones：soft countermeasures for a disaster［J］．Journal of Natural Disaster Science，1981，3：57－89.
［66］ 唐川，刘希林，朱静．泥石流堆积泛滥区危险度的评价与应用［J］．自然灾害学报，1993，2（4）：79－84.
［67］ OLIVIER LATELTIN. Example of hazard assessment and land－use planning in Switzerland for snow avalanches，floods and landslides［J］．Swiss national hydrological and geological survey，Bern，1998.
［68］ 王礼先．关于荒溪分类［J］．北京林学院学报，1982（3）：94－107.
［69］ 谭炳炎．泥石流沟的严重程度的数量化综合评判［J］．水土保持通报，1986，6（1）：51－57.
［70］ 刘希林．泥石流危险度判定的研究［J］．灾害学，1988，3（3）：10－15.
［71］ 唐川．泥石流堆积扇研究综述［C］//首届全国泥石流滑坡防治学术会议论文集．昆明：云南科学出版社，1993.
［72］ WANG G，SHAO S，FEI X. Particle model for alluvial fan formation［C］//Debris Flow Hazards Mitigation：Mechanics，Prediction，ang Assessment. New York：ASCE，1997：143－152.
［73］ 费祥俊，朱平一．泥石流的黏性及其确定方法［J］．铁道工程学报，1986，2（4）：9－16.
［74］ 王裕宜，费祥俊．自然界泥石流流变模型探讨［J］．科学通报，1999，44（11）：1211－1215.
［75］ O'BRIEN J S，JULIEN P Y. Laboratory analysis of mudflow properties［J］．Journal of Hydraulic Engineering，1988，114（8）：877－887.
［76］ SHIEH C L，JAN C D，TSAI Y F. A numerical simulation of debris flow and its application［J］．Natural Hazards，1996，13（1）：39－54.
［77］ 唐川．泥石流堆积泛滥过程的数值模拟及其危险范围预测模型的研究［J］．水土保持学报，1994，18（1）：45－50.
［78］ FRACCAROLLO L，PAPA M. Numerical simulation of real debris－flow events［J］．Physics and Chemistry of the Earth，Part B，2000，25（9）：757－763.
［79］ HÜBL J，STEINWENDTNER H. Two－dimensional simulation of two viscous debris flows in Austria［J］．Physics and Chemistry of the Earth，Part C，2001，26（9）：639－644.
［80］ 韦方强，胡凯衡，JL Lopez. 泥石流危险性动量分区方法与应用［J］．科学通报，2003，48（3）：298－301.
［81］ FANGQIANG WEI，YU ZHANG，KAIHENG HU，et al. Model and method of deb-

ris flow risk zoning based on momentum analysis [J]. Wuhan University Journal of Natural Sciences，2006，11 (4) ：835 - 839.

[82] 胡凯衡，韦方强，何易平，等．流团模型在泥石流危险度分区中的应用 [J]. 山地学报，2003，21 (6) ：726 - 730.

[83] 胡凯衡，韦方强．基于数值模拟的泥石流危险性分区方法 [J]. 自然灾害学报，2005，14 (1)：10 - 14.

[84] 张业成．中国地质灾害危险性分析与灾变区划 [J]. 地质灾害与环境保护，1995，6 (3)：1 - 13.

[85] 刘希林．泥石流风险评价中若干问题的探讨 [J]. 山地学报，2000，18 (4)：341 - 345.

[86] 许世远，王军，石纯，等．沿海城市自然灾害风险研究 [J]. 地理学报，2006，61 (2)：127 - 138.

[87] 唐晓春，唐邦兴，我国灾害地貌及其防治研究中的几个问题 [J]. 自然灾害学报，1994，3 (1)：70 - 74。

[88] 张业成，郑学信．云南省东川市泥石流灾害灾情评估 [J]. 中国地质灾害与防治学报，1995，6 (2)：67 - 76.

[89] 张业成，张梁．论地质灾害风险评价 [J]. 地质灾害与环境保护，1996，7 (3)：1 - 6.

[90] 罗元华，张梁，张业成．地质灾害风险评估方法 [M]. 北京：地质出版社，1998.

[91] 任鲁川．区域自然灾害风险分析研究进展 [J]. 地球科学进展，1999，14 (3)：242 -246.

[92] 刘希林．区域泥石流风险评价研究 [J]. 自然灾害学报，2000，9 (1)：54 - 61.

[93] 黄润秋，向喜琼．GIS 技术在生态环境地质调查与评价中的应用 [J]. 地质通报，2002，21 (2)：98 - 101.

[94] 苏经宇，周锡元．泥石流危险等级评价的模糊数字方法 [J]. 自然灾害学报，1993，2 (2)：83 - 90.

[95] WALSH S J，BULET D R. morphometric and multispectral image analysis of debris flows fox nature hazard assessment [J]. Geocarto International，1997，12 (1)：5 - 70.

[96] WADGE G，WISLOCKI A P，PEARSON E J. Spatial analysis in GIS for natural hazard assessment [J]. Enviromental modeling and GIS，1993：332 - 338.

[97] GREGORY C. OHLMACHER，JOHN C. DAVIS. Using multiple logistic regression and GIS technology to predict landslide hazard in northeast Kansas，USA [J]. Engineering Geology，2003：69 (3).

[98] CHRISTOPHER R J KILBURN，DAVID N PETLEY. Forecasting giant，catastrophic slope collapse：lessons from Vajont，Northern Italy [J]. Geomorphology，2003：54 (1 - 2)：21 - 32.

[99] 刘洪江，唐川．县级泥石流灾害信息系统的建立及其应用：以四川省丹巴县为例 [J]. 干旱区地理 . 1997，20 (4)：61 - 67.

[100] 赵士鹏，周成虎，谢又予，等．泥石流危险性评价的 GIS 与专家系统集成方法研究 [J]. 环境遥感，1996，11 (3) ：212 - 228.

[101] 闰满存，土光谦，刘家宏 . GIS 支持的澜沧江下游区泥石流暴发危险性评价 [J].

地理科学，2001，21（4）：334－338.

[102] 许信旺．地理信息系统支持下泥石流灾害危险度评估研究：以北京怀柔县为例[J]．池州师专学报，1995，(1)：9－16.

[103] 谢谟文，何波，柴小庆．基于三维可视化及网络的滑坡监测信息系统研究[J]．人民长江，2013，44（11）：46－49.

[104] 崔鹏，韦方强，谢洪，等．中国西部泥石流及其减灾对策[J]．第四纪研究，2003，23（2）：142－151.

[105] 张远矚，况明生，孙艳丽，等．泥石流流量计算方法研究[J]．乐山师范学院学报，2004，19（5）：107－109.

[106] 马欢，张绍和，刘卡伟．泥石流运动参数的计算方法[J]．西部探矿工程，2010（6）：122－125.

[107] 周必凡，李德基，罗德富，等．泥石流防治指南[Z]．北京：科学出版社，1991：80－96.

[108] 甘肃省交通科学研究所，中国科学院兰州冰川冻土研究所．泥石流地区公路工程[M]．北京：人民交通出版社，1981.

[109] DIKAU R，CAVALLIN A，JGAER S. Databases and GIS for landslide research in Europe [J]. Geomorphology，1996，15（3－4）：227－239.

[110] 乔彦肖，邓素贞，张少才．冀西北地区泥石流发育的环境因素遥感研究[J]．中国地质灾害与防治学报，2004，15（3）：106－110.

[111] 朱静，师玉娥．利用GIS技术实现山洪易泛区地貌学判识的实践探讨：以云南省为例[J]．云南地理环境研究，2004，16（3）：1－5.

[112] IMRAN J，PARKER G，LOCAT J，et al. 1 D numerical model of muddy subqueous and subaerical debris flows [J]. Journal of Hydraulic Engineering，2001，127（11）：959－968.

[113] HUNT B. Newtonian fluid mechanics treatment of debris flows and avalanches [J]. Journal of Hydraulic Engineering，1994，120（12）：1350－1363.

[114] JOHSON A M. Physical Processes in Geology [M]. San Francisco：Freeman，1970.

[115] TRUNK F J，DENT J D，LANG T E. Computer modeling of large rock slides [J]. Journal of Geotechnical Engineering，1986，112（3）：348－360.

[116] MAINALI A，RAJARATNAM N. Experimental study of debris flows [J]. Journal of Hydraulic Engineering，1994，120（1）：104－123.

[117] LIU K F，MEI C C. Slow spreading of a sheet of Bingham fluid on an inclined plane [J]. Journal of Fluid Mechanics，1989（207）：505－529.

[118] HUANG X，GARCIA M H. A Perturbation solution for Bingham－plastic mudflows [J]. Journal of Hydraulic Engineering，1997，123（11）：986－994.

[119] JULIEN P Y，LAN Y. Rheology of hyperconcentrations [J]. Journal of Hydraulic Engineering，1991，117（3）：346－353.

[120] HUANG X，GARCIA M H. A Herschel－Bulkley model for mud flow down a slope [J]. Journal of fluid mechanics，1998（374）：305－333.

[121] LAIGLE D，COUSSOT P. Numerical modeling of mudflows [J]. Journal of Hydraulic Engineering，1997（123）：617－623.

[122] REMAITRE A, MALET J P, MAQUAIRE O, et al. Flow behaviour and runout modeling of a complex debris flow in a clay-shale basin [J]. Earth Surface Processes and Landforms, 2005 (30): 479-488.

[123] CHEN C. Generalized viscoplastic modeling of debris flow [J]. Journal of Hydraulic Engineering, 1988, 114 (3): 237-258.

[124] NAKAGAWA H, HARADA T, et al. Routing debri flows with particle segregation [J]. Journal of Hydraulic Engineering, 1992, 118 (11): 1490-1507.

[125] O. HUNGR. A model for the runout analysis of rapid flow slides, debris flows and avalanches [J]. Canadian Geotechnical Journal, 1995, 32 (4): 610-623.

[126] LAIGLE D, COUSSOT P. Numerical modeling of Mudflows [J]. Journal of Hydraulic Engineering, 1997 (123): 617-623.

[127] 谢谟文，蔡美峰. 信息边坡工程学的理论与实践 [M]. 北京：科学出版社，2005.